百科·探索·发现

（少年版）

遨游宇宙

AOYOU YUZHOU

主　编　张　哲

编　委　金卫艳　李亚兵　袁晓梅　赵　欣　焦转丽
　　　　张亚丽　侣小玲　李　婷　吕华萍　赵小玲
　　　　田小省　宋媛媛　李智勤　赵　乐　车婉婷
　　　　靖凤彩　迟红叶　李雷雷　王　飞　刘　倩

时代出版传媒股份有限公司

安徽科学技术出版社

图书在版编目(ＣＩＰ)数据

遨游宇宙/张哲主编.—合肥:安徽科学技术出版社,
2015.1(2018.5 重印)
(百科·探索·发现:少年版)
ISBN 978-7-5337-6435-7

Ⅰ.①遨… Ⅱ.①张… Ⅲ.①宇宙-少年读物
Ⅳ.①P159-49

中国版本图书馆 CIP 数据核字(2014)第 211228 号

遨游宇宙   主编 张 哲

出 版 人:丁凌云   选题策划:《海外英语》编辑部   责任编辑:张 雯
责任校对:潘宜峰   责任印制:梁东兵   封面设计:李亚兵
出版发行:时代出版传媒股份有限公司 http://www.press-mart.com
         安徽科学技术出版社   http://www.ahstp.net
(合肥市政务文化新区翡翠路 1118 号出版传媒广场,邮编:230071)
电话:(0551)63533330
印   制:三河市南阳印刷有限公司   电话:(0316)3654999
(如发现印装质量问题,影响阅读,请与印刷厂商联系调换)

开本:710×1010 1/16   印张:10   字数:200 千
版次:2018 年 5 月第 3 次印刷

ISBN 978-7-5337-6435-7   定价:25.00 元

前言

浩瀚无边的宇宙魅力无穷,人类自诞生以来就一直为揭开它的奥秘而不断探索。早在人类步入文明社会以前,就有各种关于天文现象的传说和记录,而在许多古老民族的神话里,都有关于宇宙和天文的美丽动人的故事。面对无穷无尽的宇宙,东西方的先贤哲人们曾经提出自己的质疑,如中国战国时期楚国诗人屈原创作《天问》,提出了关于宇宙的一百多个问题,这些问题涵盖宇宙的诞生、变化,恒星的光亮,天体的运动等多个方面,显示了古代人对宇宙的思索。

随着近现代科学技术的发展,人类开始用理性的眼光探索宇宙,以前人类观测的天象为天文学的发展奠定了基础,而新的观测工具望远镜更是大大增强了人类的观测能力。近代科学理论的发展使天文学不仅限于观测,而是在理论的指导下有目的地获取信息,以揭开谜团。宇宙之大,无奇不有。现在,科学家不断地获取新的观测结果,有一些可以被传统的理论所解释,有一些却给人类的智慧提出新的挑战,我们只有去应战,才能一步步揭开这些秘密。

CONTENTS

目录

百科·探索·发现（少年版）

遨游宇宙

百科·探索·发现（少年版）

遨游宇宙

CONTENTS

CONTENTS

太阳系

百科·探索·发现（少年版）

遨游宇宙

百科·探索·发现（少年版）

遨游宇宙

CONTENTS

人与宇宙

星　空

　　当晚霞散尽，黝黑的天幕繁星点点，我们仰望天空，会看到无数的星星在眨眼，它们发出红色、黄色，甚至蓝色的光。这点点星光会令我们产生无穷无尽的遐想，驱动好奇之心，去探求星空的秘密。

美丽世界——星空

在很久以前，人类就对天空中各种美丽的星星产生了兴趣。人们发现，有一些星星待在固定的位置一动不动，有的星星则喜欢在天空中转来转去，各种各样的星星使夜空充满了神秘色彩，吸引着无数人乐此不疲地观测着星空。

▲赤道附近夜晚的天空

▲北极夜晚的天空

美丽的星光

我们看到的星星都闪耀着美丽明亮的光芒。对于恒星来说，它们的光是自己产生的。但是对于行星来说，它们本身并不发光，只是反射恒星发出的光，这样它们看起来也是亮闪闪的。

夜晚，璀璨的星空繁星闪烁。如果你仔细观察，就会在闪烁的群星中找到一些十分"低调"的星星。它们的星光之所以暗淡，主要是因为距离地球太遥远了

知识小笔记

古代，人们看到星星之间是一片漆黑的空间，就认为那里是一个不存在任何物质的地方，于是称之为太空。

星星的颜色

我们可以看见星星具有不同的颜色,比如天狼星发出蓝色的光芒,心宿二发出红色的光芒,而另外一些星星发出黄色的光芒。这是由于星星表面的温度高低不同而造成的。

▲ 恒星的不同颜色代表星体表面温度的不同

▲ 用天文望远镜观察星星,比用肉眼观察要更加真实、美丽

亮星星和暗星星

在星空中,有一些星星很亮,我们很容易看见它们。而另外一些星星很暗,我们要仔细观察才能看到。我们能看到的星星的"视星等"为6等,这相当于在晚上几十米开外点燃的火柴发出的亮度。

遥远的星星

天上的星星看起来距离我们不远,所以在很长的一段时间里人类都认为星星离我们很近,有很多人甚至想,要是能把天空中的星星摘下来该多好。实际上,天上的星星离我们非常遥远。

庞大的圆球——天球

当你好奇地看着星空的时候，是不是有这样一种感觉：所有的星星都像是在距离我们一样远的地方。为了方便地表示星星的位置，人们假想了一个包裹着整个宇宙的圆球，称之为天球。

知识小笔记

天球仪是一种用于航海、天文教学和普及天文知识的辅助仪器，人们利用它来求解一些实用的天文问题。

古希腊天文学家所猜想的天圆地方说

古人的想象

在古代，人们根据自己的观测，认为天空就像一张包裹着大地的美丽绸缎一样，所有的星星都是挂在这张绸缎上的闪光宝石，并由此创造了许多神话故事。

古代天文学家的猜想

在古希腊时代，一些天文学家虽然对大地的形状不确定，但是他们相信宇宙是圆球形，还认为有一个圆球包裹着宇宙中的所有星星。这是最早的天球想法。

19世纪的木刻插图：旅行家从天球中探出头去，探索宇宙运行的机制

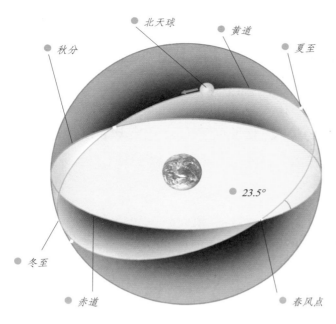

北天球　黄道　夏至

秋分

北天球

春风点

冬至

赤道

23.5°

不可或缺的天球

尽管在今天,科学家已经不太提起天球了,但是许多建立在天球概念上的天文知识仍旧是正确的,因此在天文观测的时候,人们仍在使用天球这个概念。

天球是什么

天球是人们想象出的一层天体结构。天球把所有可见的天体都包括在内,人们认为这些天体都是在天球上的,把一些特定的恒星连接起来,就构成了星座。赤道面与天球相交的大圆就是黄道。

天球的中心

因为我们是在地球上观测星空的,所以地球自然就成为天球的中心。虽然我们认为天球包含了整个宇宙,但事实上地球并非宇宙的中心。

北天极

地球

赤道

赤道的纬度为0°

地球是天球的中心,天球围绕极轴旋转

南天极

恒星组合——星座

星座是由一些特定的恒星在天球上的投影连接起来组成的。这些星座有的像动物，有的像人，北半球星空的星座大多以神话人物和动物命名。

十二星座

最为人们所熟知的星座就是轮流经过我们头顶的黄道十二星座了。它们被用来代表月份，但是不同星座所代表的月份和现在我们使用的历法并不吻合。

知识小笔记

现在星空中一共有 88 个星座，它们把星空也分为 88 个区域，其中北天星座一共有 29 个，南天星座有 47 个，赤道和黄道星座有 12 个。

↑地球轨道与黄道十二星座

←大熊座

大熊和小熊星座

在星空中有两个非常著名的星座，它们是大熊星座和小熊星座，其中小熊星座是由 6 颗可见的恒星组成的。

猎户星座

猎户星座是以古希腊神话中著名的猎人奥瑞温的名字命名的。在冬季里，天空中有3颗明亮的星星排成一排，它们就是猎户座的"腰带"。

→猎户座

最大的星座

在天球上，有的星座占的区域很大，比如天龙座，但是它不是最大的星座。星空中最大的星座是长蛇座，它几乎横跨半个天球区域。

↓长蛇座

王族星座

在北极星附近有一个王族星座群，它们分别是英仙座、仙王座、仙后座和仙女座。这些星座的名称来自古希腊神话中珀耳修斯的故事。

明亮的天空——北半球星空

人类文明起源于北半球。早在文明诞生以前，人们就开始关注和记录北半球的星空，所以现在我们熟悉的星座大多位于北半球的星空之中。

星表

星表是记载各种天体运动参数的表册，在公元前 4 世纪，我国的一位天文学家石绅就写了《天文》一书，绘制了 121 颗恒星的相对位置，这是世界上最古老的星表。

北半球星图

知识小笔记

1928 年，国际天文学会确定了 88 个国际上通用的星座。

北半球星图（星座图）：飞马座、鲸鱼座、白羊座、三角座、仙女座、海豚座、天箭座、金牛座、仙后座、英仙座、猎户座、天鹅座、仙王座、鹿豹座、玉夫座、天琴座、天龙座、小熊座、武仙座、大熊座、天猫座、北冕座、牧夫座、猎犬座、小狮座、巨蟹座、巨蛇座、后发座、狮子座、长蛇座、五帝座、室女座

西 东 北 南

天鹅座
天琴座
天鹰座

星图

为了方便识别星星，天文学家们就把那些明显可见的星星画在一张图上，通过对比来识别不同的星星，这样的图就是星图。在很早以前，人们就绘制出了北天星空的星图。

夏季大三角

在夏季，位于银河系附近的天琴座的织女星、天鹅座的天津四及天鹰座的牛郎星会组成一个三角形，这就是著名的夏季大三角。

不一样的星空——南半球星空

在大航海时代到来之后,南半球星空才被人们重视。17世纪以后,一些天文学家来到南半球,建立起天文观测站,开始记录南天星空的星星。

南天星空的星座

在南天星空也有许多星座。但是因为南天星座发现得晚,所以这里的星座的命名方式与北天星座有很大的差别。南天星空中有许多星座是用常见的动物命名的。

南半球星图

知识·小·笔记

半人马座里有两颗亮星,其中α星在我国古代被称为南门二,是全天第三亮星。

有趣的名字

因为南天星座中有许多是在17世纪以后才命名的,所以它们的名字也更接近人类熟悉的现实世界,比如杜鹃座、望远镜座等。

南十字座

南十字座位于半人马座和苍蝇座之间,是全部88个星座中最小的一个。人们在北回归线以南的地方皆可看到整个南十字座。

座内主要的亮星组成一个"十"字形,其中的竖线正指向南天极

点点星光——星星的亮度

只要你往星空中看一眼，就会立刻发现这样一个现象：有的星星十分明亮，有的星星比较暗淡，而有的星星几乎看不见。这是它们的亮度不一样的缘故。

人眼能看到的星星的亮度

当一个星星的视星等数值低于 6 时，它发出的光就非常暗淡，以致我们无法用肉眼看见这颗星星。所以 6 等是人眼直接观看星星亮度的最低极限。

知 识 小 笔 记

据记载，古希腊天文学家喜帕恰斯是第一个根据亮度给星星分类的人。

视星等的星等数越小，星星越亮。但这并不能反映恒星本身真正发出的光度大小，因为这里没有考虑恒星的距离

星星亮度的秘密

星星的亮度除了与它们到地球的距离和发光强度有关系以外，还有一个很大的影响因素：星星的大小。一般星体越大，亮度也就越大。

眨眼睛的星星

有时我们会看到星空中的星星一闪一闪的，这是因为流动的空气改变了光的传播方向，使星星看起来忽明忽暗，像在眨眼睛一样。

亮度的增加

有的时候，一些星星因为发生了些许变化后，亮度会突然增加，于是一些原来看不见的星星会转变成可以看见的亮星。不过，这样的事情可不是每天都能遇到的。

▲ 大气是流动的，因此就会引起光线密度的不同，这样我们就会看到星星随大气一闪一闪

亮度会变的星星

有一些星星会从明亮变为暗淡，甚至暗到人眼看不见的程度。但是过一段时间，它们的亮度又开始增加，重新转变为明亮的星星，然后再重复以上的过程，这种星星被称为变星。

▲ 米拉星是一颗神奇的恒星，它的亮度会变化。春天到来的时候，米拉星消失了，而到了秋季，米拉星又变成一颗明亮美丽的恒星

闪耀天际——天空最亮的六颗星

明亮恒星的光芒灿烂无比，它们一直吸引着人类的目光。这些恒星也是人们认识其他恒星的指向标，其中一些恒星非常明亮，人们甚至为它们排了名。现在我们就来看看哪些恒星是天空中最明亮的星星。

▲ 天狼星是大犬座α，是可见的最亮的恒星

☀ 天狼星

天狼星是最亮的恒星，它位于大犬座，视星等为 -1.45 等。天狼星亮度如此高，原因有很多，其中最重要的就是它到太阳系的距离很近，只有约 8.6 光年；其次是它体积大，发出的光就多，所以看起来十分明亮。

知 识 小 笔 记

由于织女星的视星等接近零，因此不少专业天文学家将织女星作为光度测定的标准衡量其他的星。

■ 老人星

老人星距离地球有上百光年，是太阳系附近最强大的恒星。在古代，我国称这颗明亮的恒星为"南极老人星"，因为它的位置偏南，北方看不见这颗星。

老人星是南半球船底星座中最亮的一颗星星，据说它的英文名字(Canopus)得名自搭载希腊军队远征特洛伊城的船长

◉ 大角星

大角星距离地球大约有 36 光年，是北天星空中最明亮的恒星。你只要沿着北斗七星的斗柄方向一直找，就可以发现这颗明亮的恒星，找到它也就找到了牧夫座。

▶ 牧夫座及大角星（白线）

◉ 南门二

南门二是离我们最近的亮星，它距离太阳 4.22 光年。南门二实际上属于一个三合星系统。

◀ 马腹一是半人马座β星，距离地球大约有 525 光年，视星等是 0.61 等。因为马腹一和南门二离得很近，所以在古代，我国称这两颗星为"南门双星"

◉ 织女星和五车二

织女星是天琴座最亮的恒星，距地球大约 26 光年。而五车二是位于玉夫座的一个双星系统，距离地球 42.2 光年。

▲ 五车二是玉夫座中最亮的α星，在北半天球中，它的亮度仅次于大角星和织女星

天文巨人——哥白尼

欧 洲中世纪末期以后,随着人类生产活动的巨大发展,特别是航海事业的巨大发展,天文研究有了很大的进步。公元 1543 年,波兰天文学家哥白尼在其著作《天体运行论》中,向世人宣布太阳是宇宙的中心,改变了天文学发展的方向。

地心说

在古代欧洲, 亚里士多德和托勒密主张"地心说", 认为地球是静止不动的, 其他的星体都围着地球这一宇宙中心旋转。

《天体运行论》

1543 年, 哥白尼的著作《天体运行论》出版。他在书中向人们描述了他认为的宇宙: 太阳位于宇宙的中心, 有五颗当时已知的行星和地球围绕太阳旋转。这一理论彻底地改变了人类对宇宙的认识。

← 哥白尼的"日心说"宇宙体系

知 识 小 笔 记

直到 1822 年罗马教廷才颁布教令,承认了哥白尼的"日心说"。

← 哥白尼

推动地球的巨人

1473 年, 哥白尼出生在波兰托伦小城的一个商人家庭里。上学期间, 他就表现出了对天文学、数学的极大兴趣, 并对当时流行的"地心说"理论作了研究。他提出的"日心说"虽然面对重重阻力, 但终究科学的发展是不可阻挡的。

天文学大发展——伽利略的发现

伽利略是意大利文艺复兴后期伟大的天文学家、物理学家、力学家和哲学家，也是近代实验物理学的开拓者。他第一次用科学实验的方法将数学、物理学和天文学三门学科贯通起来，还创立了研究自然科学的新方法，因此被称为"近代科学之父"。

刻苦钻研的伽利略

1564 年，伽利略出生于意大利的比萨城，17岁时考入了比萨大学。他在学习上有着特殊的钻研精神，正是凭借着这种精神，他 21 岁时就被人们称为"当代的阿基米德"；25 岁时，被比萨大学破例聘为数学教授。

▼伽利略发明的天文望远镜

知识小笔记

1979 年，梵蒂冈教皇保罗二世代表罗马教廷为伽利略公开平反昭雪。

▲伽利略

发明天文望远镜

1609 年，伽利略听说荷兰人发明了望远镜。他虽然对这种装置了解不多，但凭借着自己独特的天赋，很快就亲手制成了一台在当时特别高级的望远镜。有了这台望远镜，他就可以利用自己的学识探索太空。

天体观测

伽利略通过观测，不仅发现了一些物体运动的规律，还绘制了第一幅月面图，并发现了木星的四个卫星。伽利略通过总结自己的发现，提出了行星绕太阳运动——卫星绕行星运动的观点，支持哥白尼的学说。

"天空立法者"——开普勒

约翰尼斯·开普勒是德国近代著名的天文学家、数学家、物理学家和哲学家。他是继哥白尼之后第一个站出来捍卫太阳中心说，并在天文学方面有突破性成就的人物，被后世的科学史家称为"天空的立法者"。

开普勒

求学之路

开普勒 1571 年 12 月 27 日出生在德国。他小的时候，由于身体不好，学习也受到了一定的影响，于是他就花费比别人更多的时间和精力在学习上。大学毕业后，他就受聘为奥地利格拉茨大学的数学系教授。

知识小笔记

由开普勒编写的《鲁道夫星表》可以知道行星的位置，其精度比以前的任何星表都高，直到 18 世纪中叶，它一直被视为天文学上的标准星表。

第谷与开普勒

当时，丹麦著名的天文学家第谷十分重视开普勒，他热情地邀请开普勒到自己身边工作。后来，第谷又保荐开普勒为皇家数学家，师生两人就这样共同投入了研究行星运动的工作。

开普勒定律

开普勒定律统称"开普勒三定律"，也叫"行星运动定律"，是指行星在宇宙空间绕太阳公转所遵循的轨迹定律。

开普勒三定律

灿烂成就——中国古代天文

中国有着 5 000 年的历史，中国古代的科学家们记录下了天文现象丰富而宝贵的资料。像现在一样，中国古代天文学家们也把天空分成不同的区域，并冠以特定名称；对于一些明亮的恒星，也会根据规则冠以相应的名称。

三垣二十八星宿

中国古代的天文学家把星空分为三垣二十八星宿，三垣就是指紫微垣、太微垣和天市垣；二十八星宿则是指环绕着地球赤道天区分布的一些标志性恒星组成的区域，这些大小不一的区域被称为宿。这二十八宿中每七宿分为一组，按东、南、西、北方向成四组，分别是青龙、朱雀、白虎和玄武。

知识小笔记

我国古代还有许多关于流星雨的记录，《五代史》中就记载了发生在公元 931 年 10 月 16 日的一次流星雨，描述流星在天空中"交流而殒"的现象。

▽ 我国是世界上记录彗星最早的国家

彗星

彗星也是经常出现在中国古代天文记录中的一种天体，在《淮南子》中就有武王伐纣时遇到彗星的记录。而中国古代的天文学家更是对哈雷彗星持续观测了 2 400 多年，记录了 32 次哈雷彗星的出现。

茫茫宇宙

　　无论你能看多远，你都看不到宇宙的外面，因为宇宙非常大。如果宇宙不再增大，那我们现在以最快的光速从地球出发，也要花 140 亿年才能到达宇宙的边缘。

浩渺无边——宇宙太空

对人类来说，宇宙就像一个无穷无尽的秘密宝箱。这些神秘现象吸引着人类去探索宇宙、了解宇宙，人们也初步揭开了一些宇宙的秘密。但这远不是尽头，宇宙中还有更多的秘密等着我们去发现，在瑰丽的天象背后总是会有许多答案在等着我们。

▶ 神话中的盘古开天辟地

◎ 神话中的宇宙

在古代中国，人们认为宇宙本来是混沌一片，像一个蛋一样。后来盘古把这个蛋劈开了，宇宙就此诞生了。其他民族的神话也认为宇宙是神灵创造的。

◎ 多种多样的组成形式

组成宇宙的天体在形态上是多种多样的，其中包括密集的星体状态、松散的星云状态、辐射场的状态，等等。其中，星体的大小、质量、密度、光度、温度、颜色、年龄等又各有不同。

▲ 2003 年，美国发射了人造卫星"威尔金森微波各向异性探测器（WMAP）"对宇宙进行探索

渐进的认识

起初，人们认为宇宙只包括太阳系。但是随着科学的发展，人们认识到太阳也只是天空中数以万计的恒星中的一颗。于是，宇宙在人们心目中扩展到了银河系。到了近代，宇宙的范围又逐渐扩展到银河系以外。

宇宙的大小

虽然宇宙之大难以想象，但是科学家相信它是有限的。望向太空时，我们处在可观察到的宇宙的中心，这部分宇宙在每个方向上都延展了 130 亿光年。我们肉眼观察到的宇宙只不过是沧海一粟。

知识·小·笔记

美国宇航局科学家称：宇宙的颜色像是一杯拿铁咖啡。

▲ 宇宙不断地膨胀，就好像越吹越鼓的大气球似的

变化中的宇宙

宇宙中唯一不变的就是变化本身。宇宙中所有的事物都在按照自身的规律变化。太空中的恒星也有生命，它们同样在不断变化。对于宇宙来说，它也是在不断地变化的，至少现在我们知道宇宙在不断地膨胀。

万物之源——宇宙起源

面 对看不到边际的宇宙，我们都会发出这样一个疑问：宇宙是怎么诞生的？在今天，科学家寻找证据来证明宇宙诞生的最可能方式。

神创说

在古代，人们认为宇宙是某一个至高无上的神创造的，而且人类在宇宙诞生后不久就出现了。比如，古代犹太人认为上帝在第一天创造了宇宙，而在第六天创造了人，这显然与事实相悖。

大爆炸学说

到了 20 世纪 40 年代，在已有的基础上，美国核物理学家伽莫夫结合当时的核物理理论，提出了宇宙起源于大爆炸的假说，其中最重要的两条依据就是：氢元素和氦元素在宇宙中的丰度以及宇宙大爆炸残存的辐射。

▲ 宇宙大爆炸

有限的宇宙

宇宙大爆炸理论是以宇宙膨胀的整个事实为基础。因为物质的传播速度是有限的，而宇宙的寿命也是有限的，因此由这个理论自然而然地得出一个结论：宇宙是有限的。

▲ 人类在宇宙中显得十分渺小

有限无界——膨胀的宇宙

自古以来，人们就相信宇宙是静止的，它既不会变得越来越小，也不会变得越来越大，但是这种观点在 20 世纪的时候被哈勃改变了，他用实际观测证实远处的星系都在远离我们。换而言之，我们所处的宇宙空间在膨胀。

知识小笔记

天文学家认为，现在宇宙的年龄在 150 亿～200 亿年。

光谱红移

光波也存在多普勒频移效应，比如某个光源发出的光是黄色的，但是当你以某个速度远离这个光源的时候，你会看到它变成红色，这也叫红移现象。多普勒提出频移理论，实际上就是为了研究天体的运动对光的颜色的影响。

哈勃的发现

哈勃是 20 世纪美国著名天文学家。他利用天文设备观测，发现离地球很远的天体的光谱都有红移现象，因此他认为这些天体都在远离，由此他推测整个宇宙在不断地膨胀。

哈勃是星系天文学的奠基人

在宇宙学研究中，哈勃定律成为宇宙膨胀理论的基础

加速膨胀的宇宙

后来天文学家的观测证实了哈勃的推测，即宇宙现在的确是在膨胀，而且新的观测表明宇宙的膨胀速度还在加快，即宇宙是加速膨胀的。

飘忽不定——星际气体和物质

人 人都知道我们的地球包裹着空气，而星际介质就像宇宙中的空气一样，包裹着各种天体，它们包括各种物质，比如微尘、星际分子、电磁场和引力场。

知·识·小·笔·记

宇宙尘埃是地球上的第四大尘埃来源。据估计，平均每一小时都会有约 1 吨重的宇宙尘埃进入地球。

▶尘埃柱就像宇宙中的山峰，它们能残存下来，主要是因为它们的密度比周围物质大

飘忽不定的星际介质

星际介质就像宇宙的流浪汉一样，飘忽不定。单独的星际介质的质量十分轻，但是它整体的质量却大得惊人，只要条件合适，它就可以形成星云；星云又可以形成恒星。因此，这些微乎其微的星际介质才是硕大星体的真正来源。

星际物质成分

科学家们发现星际介质中的主要成分是气体氢和氦，以及占很小比例的其他物质，顺次为氧、水、氨和甲醛。此外，还有一些成分不定的尘埃粒子。最后，还有穿行于星系之间的各种宇宙射线，以及各区域都具有的引力场和电磁场。

▶玫瑰星云里的氢气和尘埃

神秘物体——暗物质和暗能量

我们时刻被它们包围着,却无法感知它们。它们就像躲在黑暗中一样,所以我们称之为暗物质和暗能量。暗物质和暗能量也是科学家探测的重点。

暗物质

在宇宙中我们能观察到许多物质,它们或者发光,或者反射光,总之我们能探测到它们。但是有一些物质,我们却无法看到,这些物质控制着大型天体的运动。对于这些天体来说,这种被称作暗物质的物质是非常重要的。

暗能量虽然不能被人们所感觉,也不被目前各种仪器所测得,但是人们凭借理性思维可以预测并感知到它的确存在

暗能量

虽然引入了暗物质,有些问题仍得不到解释,所以科学家又引入暗能量。暗能量是一种不可见的,能推动宇宙运动的能量,就像磁场一般,看不见、摸不着,但却实实在在存在,作用于周围物体的特殊物质。

暗能量是宇宙学研究的一个里程碑性的重大成果

知识小笔记

1930年初,瑞士天文学家兹威基声称:在星系团中,看得见的星系只占总质量的极小部分,而绝大多数星系是肉眼看不见的。

星　系

  到了夏季，每当我们仰望星空，会发现一条虚无缥缈的银带横穿天宇，这就是银河系。宇宙中有许多星系，其中大部分星系的结构和银河系颇为相似。一些奇怪的星系更是神秘莫测，这些星系的形状和结构都吸引着人们去探索，去揭开它们的奥秘。

庞大繁杂——星系

横贯天际、蔚为壮观的银河，实际上是由许多颗恒星组成的。在天文学中，这种由千百亿颗恒星以及分布在它们之间的星际气体、宇宙尘埃等物质构成，占据了成千上万光年空间距离的天体系统，我们称之为"星系"。

原始星系的形成

当宇宙从猛烈的爆炸中产生时，大量的物质被抛射到空间中，形成宇宙中的"气体云"。这些气体云在各种力的作用下开始凝聚，并慢慢形成不同的星体，这些星体在重力的吸引下形成更大的天体，那就是原始星系。

知识小笔记

星爆星系是一类相比其他星系，能够以更快速率生成许多恒星的星系。星爆星系通常在两个星系过度靠近或发生碰撞之际产生，同时伴之以爆发性的恒星形成。

其他星系

银河系并不是宇宙中唯一的星系，通过各种方法，人们观察到的星系已经有好几万个了！不过，由于距离太遥远，它们看起来远不如银河系那么壮丽。

▲上图为著名的《哈勃深空》照片，展示了1 000多个在宇宙形成后10亿年内形成的年轻星系

这个扭曲的螺旋星系（ESO 510-G13）是与另一个星系碰撞的结果，而另一个星系完全被吸收掉了，这种过程通常需要耗费数百万年的时间

运动的星系

星系和它内部的恒星都在运动中。对于一个规则的星系而言，其中恒星大多是在围绕一个固定的中心旋转，有时候它们也会受到其他恒星的吸引，轨道稍微发生变化。

星系核

每个星系都有自己的物质集中区域，这个区域就是星系核，不过星系核不一定处在整个星系的中心。对于大部分星系来说，它们都具有明亮而清晰的星系核。星系核对于星系十分重要，是星系得以稳定的主要因素。

M 81 的影像：这是传统的核球，长长的旋臂在抵达核球时终止

星系旋臂

每当提起星系，我们就不由得想到星系有长长的旋臂，实际上并不是每个星系都有旋臂。旋臂一般以螺旋线形状围绕着星系核，一端连着星系核，一端延伸至宇宙深处。

NGC 7331 星系经常被称为"银河的双胞胎"

变化万千——星系的形状

和地球上我们常见的物体一样，天体也有自己的形状，星系也是如此——直到今天，我们还不能在宇宙中找到两个外形完全一样的星系，但可以根据星系结构上的相似之处，把它们分成几类，这种分类和星系的形状有着莫大的关系。

不同形状的星系

如果你有一架可以看到许多星系的望远镜，那么你就会看到这些星系都有着自己独一无二的形状。根据形状，可以把这些星系大概分为椭圆星系、旋涡星系、棒旋星系和不规则星系。

椭圆星系大多数是老星球，呈球状或蛋状

旋涡星系呈扁平状，中间是老恒星组成的系核，旋臂中的气体云形成新的恒星

棒旋星系核心细长呈棒状，旋臂从棒核尾端向外延伸

不规则星系，没有特定的形状

椭圆星系

有一些星系没有旋臂，内部的物质紧密地聚集在一起，这样星系的外形就成为椭圆形，因此叫做椭圆星系。

知 识 小 笔 记

椭圆星系根据哈勃分类，按其椭率大小分为 E0、E1、E2、E3、……E7 共 8 个类型，E0 型是圆星系，E7 是最扁的椭圆星系。

椭圆星系 M 87

旋涡星系

那些有着近似圆形的核心区、周围围绕着数层旋臂的星系就是旋涡星系。旋涡星系是一类非常巨大的星系，其中大部分物质都集中在很小的星系核里，一般有两个长长的旋臂。

旋涡星系 M 101

不规则星系

在宇宙中还存在一些形状奇特的星系，这些星系的外形变化多端，很少有相似之处，这一类星系被称为不规则星系。

不规则星系 M 82

棒旋星系

棒旋星系的星系核像一个长长的棒子，在这个棒状的星系核的两端是两条长长的旋臂。在宇宙中，棒旋星系到处可见。

棒旋星系

漫漫里程——星系有多远

虽 然宇宙中并不缺少星系，但是这些星系距离我们都非常遥远，因此仅仅依靠肉眼是看不到多少的，现在我们来看看一些星系都在何处，它们距离我们都有多远。

不平静的宇宙

虽然宇宙空间广阔无边，但是星系之间依然会发生碰撞，因为星系之间也存在着万有引力。星系碰撞的现象在宇宙中并不少见，碰撞的结果一般是出现一个新的、更加巨大的星系。

星系碰撞是宇宙中最强烈、最壮观的景象

知识小笔记

据估计，现在我们发现的宇宙区域中大约有 1 000 亿个星系。

在同一区域内不同亮度的恒星代表着与地球不同的距离

测量星系的距离

因为星系离得太远，所以我们不能用普通的方法来测量星系到地球之间的距离，天文学家根据星星亮度的变化来测量这段距离。

◉ 车轮星系

车轮星系在玉夫星座方向一个距离地球有 5 亿光年远的地方。这个星系因为在很久以前被撞击过，因此形成了类似车轮的形状。

> ➤天文学家认为，车轮星系原本是一个像银河系的螺旋星系，因为与另一星系相撞，才变成今天的车轮状

☀ 最远的星系

依靠着先进的观测设备，人类现在已经看到了上百亿光年以外的一个星系，这也是目前人类发现的最远的星系。

◉ 宽边帽星系

在室女座方向有一个类似宽边帽子的星系，虽然它距离我们有 2 800 万光年，但是它比较大，所以用一架小型天文望远镜就可以看见。

✦ 类似宽边帽子的星系

银色天河——银河系

自古以来，人们就在夏季的星空中看到一条银色的带子贯穿整个天空，就像银色的长河一样，于是称之为银河。到了近代，天文学家通过观测发现了银河的许多秘密，于是银河有了新的名字——银河系。

银河系的形状

在地球上看，银河系就像挂在天上的一条长长的河。银河系的中心因天体密集而鼓了起来，而边缘的星体和物质很少，因此是扁的。

从地球上看，银河系就像挂在天上的一条长长的河

银河系的发现

虽然银河系可以直接用肉眼看见，但是人类却花了很长时间才看懂它。在人类发明望远镜以后，天文学家利用天文望远镜，发现银河是由数不清的星星组成的。

银河系的结构

银河系是一个巨型旋涡星系，由银心、银晕和银盘构成。由银心向外扩展出的四条巨大的螺旋状臂膀，环绕着银心，组成了银盘部分；银晕由年轻的恒星组成，它紧紧地包围着银盘。

▲ 银河系的旋臂

银河系的居民

银河系就像一个国家，由许多大小不同的区域组成。这些区域是由恒星、行星、卫星、彗星、流星体，还有其他的一些宇宙物质组成。

银心之谜

银河系的中心聚集着大量的物质，现代的射电望远镜能探测到来自银心的很强的电磁辐射，一些科学家推测：银心内部可能有一个巨大的黑洞。

▲ 据统计，约有 400 亿颗恒星集中在银河系的中心部分

银河系的邻居——河外星系

在 浩瀚的宇宙中，像银河那样的星系数以亿计。银河系只是一个普普通通的星系，天文学上把除银河系以外的其他星系称为河外星系，简称为星系。

宇宙岛的外部和内部想象图

宇宙岛

19 世纪时，天文学家希望在宇宙中找到容纳大量恒星的宇宙岛，但是因为技术和知识的限制，他们没有找到这些宇宙岛。到了 20 世纪，人类像发现新大陆一样，发现了"宇宙岛"，它们就是河外星系。

成团集聚的星系

星云和星系的误会

在历史上，人们一度把河外星系和星云当作同一种天体，因为河外星系看起来是一片雾气，跟星云简直一样，当然，今天我们知道河外星系和星云完全是两码事。

星系的大小

星系的大小差异很大,椭圆星系的直径在几千万光年至数十万光年之间;旋涡星系的直径一般在 1.6 万 ~ 16 万光年之间;不规则星系直径一般在 650 ~ 29 000 光年之间。

知 识 小 笔 记

星系质量一般为太阳质量的 100 万 ~ 10 000 亿倍。

星系的分布

在宇宙空间中,星系在各个方向上,分布得十分均匀,但是从小区域看,星系的分布又是不均匀的。由于互相吸引,星系也有成团集聚的倾向。

有记录的第一个被人类发现的星系就是仙女座大星系

永不停息的探索

直到今天,河外星系依旧是天文学家关注的重点天体,也是天文爱好者寻找的目标,人类对河外星系充满了好奇心,希望得到更多关于河外星系的信息,这是一场永不停息的探索。

目前人类已发现大约 10 亿个河外星系,科学家们估计河外星系的总数可能在千亿个以上

宇宙的镜子——仙女座星系

在仙女座里有一颗亮度大约是 3 等的星星，近代的科学家用望远镜发现它是一个模糊的像云雾的天体，因此就称它为仙女座大星云。

星云变星系

随着观测技术的发展，科学家发现仙女座大星云并不是平常的星云，它内部有许多恒星，因此认为它是一个星系。

知识小笔记

很早以前天文学家就发现了仙女座星系，法国天文学家梅西叶在 1764 年 8 月 3 日为它编号。

▲ 仙女座星系的核心

▲ 仙女座星系是唯一一个能用肉眼在北半球观察到的星系。它距离地球其实十分遥远，它发出的光需要 250 万年左右才能到达地球

大小和距离

仙女座星系距离我们有 200 多万光年的距离，它本身也非常巨大。如果我们驾驶一艘以光速飞行的宇宙飞船，也要花 16 万年时间才能横穿这个星系。

物质和结构

　　仙女座星系里有大量的恒星，到处充满了星际气体和宇宙灰尘。在仙女座星系的明亮星系核外面有着长长的旋臂。

▸ 卫星拍摄的仙女座星系在紫外线波段的影像

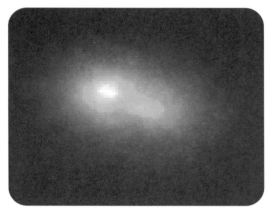

无法看清楚的邻居

　　虽然仙女座星系是距离我们地球最近的大星系，可以说是我们的邻居，但是我们却很难看清楚它，因为它侧对着我们。

▸ 太空望远镜拍摄到的仙女座星系可能有双核心结构的影像

一面镜子

　　仙女座星系还像一面镜子一样。科学家通过研究仙女座星系，可以了解我们所在的银河系的大概样貌。

▸ 仙女座星系在太空望远镜的红外线下呈现的影像

明亮闪耀——椭圆星系

椭圆星系的形状是椭圆形，它的中间大部分区域十分明亮，只有边缘小部分比较暗淡。椭圆星系也有差异，根据形状的不同，它们被分为八种小类型。

知识小笔记

关于椭圆星系的形成，有一种星系形成理论认为，椭圆星系是由两个旋涡扁平星系相互碰撞、混合、吞噬而成。

波江座的椭圆星系

波江座的椭圆星系的代号为 NGC 1700，它是一个年轻的椭圆星系，距离我们有 1.6 亿光年。这个椭圆星系比银河系稍微小一些，看起来非常明亮，一架小型望远镜就可以看见它。

椭圆星系 NGC 1316

NGC 1316 是一个位于天炉座的椭圆星系，它距离地球有 7 500 万光年，直径有 6 万光年。这个星系中也飘散着大片的灰尘云，因此也可能是两个星系相互合并而成的。

椭圆星系 NGC 1316

半人马座 A

半人马座 A 是一个十分著名的椭圆星系，它明亮的星系核被一层厚厚的灰尘遮挡住。星系内新生的恒星辐射出大量的射线，这可能预示着半人马座 A 星系是由两个星系合并而成的。

扁平状星系——旋涡星系

旋涡星系是宇宙中最常见的一种星系，它的中心区域像是透镜星系的形状，周围围绕着扁平的圆盘，从隆起的星系核两端延伸出若干条螺线状旋臂，叠加在星系盘上。旋涡星系一般要比其他类型的星系大。

旋涡星系的分类

根据形状上的差异，旋涡星系也被分为更细的三种类型，第一类用 Sa 表示，第二类用 Sb 表示，第三类用 Sc 表示，它们的主要区别就在星系核的形状上。

第一类旋涡星系　　　　第二类旋涡星系　　　　第三类旋涡星系

第一类旋涡星系

第一类旋涡星系，也就是 Sa 型旋涡星系，这类星系的星系核区域在星系中占的面积比较大，星系物质分散稀疏，旋臂紧紧地卷在星系核上。

第二类旋涡星系

第二类旋涡星系也就是 Sb 型旋涡星系，它的星系核稍微小一些，物质显得更集中。与此相对的是，第二类旋涡星系的旋臂依然围绕着星系核，但是与星系核的距离要大一些。

旋涡星系 NGC 4414

第三类旋涡星系

第三类旋涡星系，也就是 Sc 型旋涡星系，这类星系的星系核狭小而明亮，长长的旋臂从狭小的星系核上延伸出来，占据了星系的绝大部分区域，旋臂之间有许多空间，其中的物质十分稀少。

知识小笔记

1845年，爱尔兰的威廉·帕森斯伯爵在比尔城堡用自制的大望远镜首次观测到旋涡星系。

形状奇特——棒旋星系

棒旋星系也是一种螺旋星系，拥有明亮的星系核和星系盘，拥有与星系核相连接的旋臂。它们的星系盘是一个细长的棒状结构，所以它们被分成一类，用 SB 来表示，意思就是棒状螺旋星系。

不同的棒旋星系

棒旋星系也有不同的分类，根据星系盘的形状差异，棒旋星系被分为许多不同的类型，这些类型包括 a、b、c、d 和 m，分别用来表示棒旋星系的五种形状。

棒旋星系 SBa 类型

棒旋星系 SBb 类型

棒旋星系 SBc 类型

棒旋星系 SBd 类型

棒旋星系 SBm 类型

稀少的棒旋星系

直到今天还没有人知道棒旋星系的具体数量，但是有一点可以肯定：它们在宇宙中的数量很少。

棒旋星系 NGC 1365

知识小笔记

据统计，棒旋星系的数量只占所有星系数量的 25%。

神秘的 NGC 1365

棒旋星系 NGC 1365 是一个距离我们有 6 000 万光年距离的星系，位于天炉座。NGC 1365 星系的旋臂很长，整个星系的大小相当于两个银河系，旋臂中许多天体因为速度跟不上而被甩到了空间中，成为孤立的小岛。

异类星系——不规则星系

除了椭圆星系和棒旋星系以外,宇宙中还存在另外一类形状不同的星系,它们的形状没有规则,无法归为某一种类型,因此统称为不规则星系。不规则星系形成的原因有很多,它们的数量也很少。

知·识·小·笔·记

不规则星系的质量为太阳的 1 亿～10 亿倍,也有可高达 100 亿倍太阳质量的。

不规则星系分类

虽然形状变化万千,但是天文学家们还是将不规则星系分为两大类:第一类是指那些具有不是很明显的棒状结构的星系,用 Irr I 型表示;第二类是指那些形状不定、带有明显的尘埃带且无法区分星系内部天体的星系,用 Irr II 型来表示。

不规则星系起源

不规则星系的起源十分复杂,小星系甚至会因为自己内部恒星的爆发而瓦解,形状变得不规则;也有一些星系在周围大天体的引力吸引下发生了变形,不规则星系的起源很难判断。

M 82 是天空中一个非常著名的不规则星系,如果我们的眼睛能看见红外线,那它一定是星空中最明亮的星系

大小不一的不规则星系

不规则星系的大小差别很大,有的不规则星系甚至比螺旋星系还要大,有的不规则星系连银河系的一角都达不到。不规则星系的大小和它形成的原因有很大的关系。

人马座不规则星系

大鱼吃小鱼——吞噬的星系

在 地球上我们经常见到"大鱼吞小鱼"的现象，在宇宙中也有这种现象。一些小星系被大星系吸附，逐步丧失自身物质，最后全部被吸进大星系，成为大星系的一部分，这就是星系间的吞噬过程。

恒星流

被吞噬的小星系中含有许多恒星，这些恒星在转入大星系的时候，就会形成一长排的恒星流。现在许多天文学家正在致力于寻找恒星流，以寻找星系吞噬的证据。

有些恒星流像一条项链一样围绕在大星系周围

旋臂的来源

许多大型螺旋星系都有旋臂，它们的旋臂是重要的恒星形成区，这和旋臂形成的原因有关，旋臂中大部分物质都来自被吞噬的小星系，这些小星系中的物质在旋臂中与大星系的物质相遇，形成了一个个恒星。

科学家日前发现在银河系周围有三条恒星流，这些恒星流可能是"遭到肢解"的星团和星系的残留物

在旋涡星系 M 51 的身旁还有一个小星系，它是 M 51 的伴星系，正在一点一点地被 M 51 吞噬

慢慢吞噬

即使相差巨大，大星系仍然不能在很短的时间里将一个小星系吞噬，这个小星系会围绕着大星系运转，慢慢地被大星系吞噬。还有的小星系会正面撞击大星系的中心，然后穿出，再返回来撞击，这是一种不常见的吞噬。

NGC 474 星系

大星系的外层

在星系吞噬的时候，小星系也会对大星系产生影响，像在小星系的引力作用影响下，大星系外层变得更加粗糙，就像一层一层的波一样，比如NGC 474星系。

知识小笔记

根据天文学家的预测，我们所处的银河系和临近的仙女座星系数百万年来一直在相互吸引，如果持续下去，银河系最终会被仙女座星系所吞噬，两者重新组成一个更为庞大的星系。

物质桥

宇宙中唯一不变的就是变化本身。有时候，宇宙中一个小星系的物质会通过一段宇宙通道被大星系吸收，这段通道就叫做物质桥。据观察，M 82 上的物质就是通过物质桥输送到强大的邻居身上的。

小星系中的物质通过物质桥转移到大星系中

永不消散的云彩——麦哲伦云

它 是南半球星空中永不消散的云彩，狂风也无法将它吹动；它不知道在银河系身边待了多长时间。这片神奇的云彩吸引着许多人不远千里去南半球，希望一睹其芳容——它就是著名的麦哲伦星云，一片飘在宇宙空间中的云彩。

☀ 南天星空中的麦哲伦星云

麦哲伦星云只能在地球南纬 20°以南的区域才能看见，通常看起来是云雾状天体，不但非常明亮，而且十分广阔。因此有人第一次看到这个星云，还以为它是云彩。

▶ 蜘蛛星云是人眼目视可见最大的弥漫星云，位于南天球的大麦哲伦星云中，星云中的一团年轻和大质量的恒星称为 R 136

◈ 大、小麦哲伦星云

我们把麦哲伦星云中较大的部分称为大麦哲伦星云，小的部分称为小麦哲伦星云，它们两个都是不规则星系。

▲ 大麦哲伦星云

▲ 小麦哲伦星云

知识·小·笔记

科学家在麦哲伦星云中发现和确定了一颗造父变星的光变周期，这样就可以测量那些遥远星系与地球的距离了。

我们离麦哲伦星云有多远

麦哲伦星云是离我们银河系最近的星系，大麦哲伦星云到地球的距离大约是 16 万光年，小麦哲伦星云到地球的距离大约是 19 万光年。也就是说，我们现在看到的是这个星系十几万年前的情形。

大麦哲伦星云和小麦哲伦星云是距离银河系最近的两个邻居，现在它们正慢慢地被银河系吞噬

被吞噬的星系

现在科学家发现大、小麦哲伦星云正在被吞噬，而吞噬它们的就是我们的银河系。因为距离太近了，所以它们在银河系的强大引力下慢慢地垮塌，最终将成为银河系的一部分。

明亮的恒星

麦哲伦星云里有许多年轻的恒星，它们表面的温度高达上万摄氏度，散发着蓝白色的强光。这说明大麦哲伦星云里有大片的物质密集区，这里可以诞生出新的恒星。

位于大麦哲伦星云的双星群 NGC 1850 是一种非常特别的星群，它是大麦哲伦星云中最亮的星群之一

宇宙大撞车——星系的碰撞

宇宙空间虽然很大，但是星系在空间中并不是相安无事，它们会相互吸引，并发生激烈的碰撞。星系的碰撞过程中往往会产生奇异的天文景观，并且留下一些比较奇特的星系。

猛烈的星系撞击

星系之间的撞击非常猛烈，两个形状差不多的星系如果发生碰撞，它们的形状就会被扭曲，甚至完全失去自己本来的外貌，变成另外一副模样，而星系的撞击结果还不止这些。

在数亿年前，螺旋星系 NGC 2207 和另外一个星系相遇，然后它们就开始飘向对方，到今天它们的旋臂已经碰撞在一起了

诞生新恒星

星系相撞的时候，来自不同星系的气体和灰尘就会拥挤在一起，形成一大片的弥漫星云。如果这里的物质足够密集，就会诞生许多新恒星，所以观察撞击的星系可以了解恒星的诞生原因。

星系相撞形成的弥漫星云

浣熊星系是两个相撞到一起的星系组成的不规则星系，它们还没有完全融合到一起。两个星系在靠近的时候都向宇宙空间中抛撒了大量的物质，形成两道长长的旋臂

漫长的撞击

我们平时见到的撞击几乎是瞬间完成的，星系间的撞击却是一个十分漫长的过程。这是因为星系之间的距离非常遥远，它可能花费成百上千万年，也可能是上亿年时间。

知识·小·笔记

触角星系是由两个正在碰撞的星系所形成的，因在合并中形成细长的触角状气体流，犹如昆虫的触角，故而得名。

老鼠星系

两个螺旋星系相撞，创造了老鼠星系。老鼠的长尾巴是其中一个星系抛撒的，老鼠的身体是两个星系相交接的地方。老鼠星系还没有完全融合在一起，它们还要互相环绕运动许多年才能融合为一个更加庞大的星系。

老鼠星系是两个螺旋星系互相碰撞而形成的，因为天文望远镜拍下的图片有着长长的尾巴，所以被昵称为老鼠星系

神奇的预言——爱因斯坦十字

在大约90年前，爱因斯坦根据广义相对论预言：光会在大质量天体附近被弯曲。从这个理论中他推出了一个有趣的结论：一些大质量天体就像透镜一样，可以使更远处天体的光发生弯曲。他把这种现象称为引力透镜。

✺ 四个核心的星系

一些天文学家发现了一个星系的星系核附近有四个明亮的核心，这是不可能的，因为一个规则的星系只能有一个核心。他们认为这可能是引力透镜效应造成的，因此称之为"爱因斯坦十字"。

▷爱因斯坦十字

✺ 背后的原因

原来，一个背景上的类星体发出的光在经过一个暗淡的星系的时候，会被这个星系的星系核弯曲，于是我们就看到这个星系有四个星系核，实际上那个像是类星体，不是星系核。

知识·小·笔记

质量较小的天体也能产生引力透镜效应，不过这个效应十分微小。

- 类星体
- 类星体的光线
- 星系团
- 引力透镜借用后形成虚像
- 太空望远镜

引力透镜的原理示意图

✺ 引力透镜

透镜可以改变光线，把物体放大，引力也具有类似透镜的作用。当你用天文望远镜观测一个星系团的时候，也许会在这个星系团的边缘发现一些被拉伸的星系，这就是由引力透镜效应造成的。

雄伟壮观——多重星系

就像恒星一样，星系也会聚集在一起，形成多重星系。这些星系依靠引力将彼此约束在一个宇宙空间内，互相围绕运动，并逐渐靠近，最终融合成一个庞大星系。

知识小笔记

塞佛特六重星系距离我们有 1.9 亿光年距离，这个多重星系里含有 6 个成员，它们在重力的作用下互相靠近，直到最后形成一个更加庞大的螺旋星系。

聚集的星系

在宇宙空间中经常可以见到聚集的星系。如果一处宇宙空间中有 2 ~ 10 个以下的星系聚集，那就是一个多重星系。在宇宙中飘着许多多重星系，离我们最近的就是由银河系和大、小麦哲伦星云组成的三重星系了。

孔雀座三重星系

稳固的多重星系

仙女座星系和它的四个卫星星系组成了一个稳固的五重星系，在主星系的引力作用下，这些卫星星系围绕主星系运转，这也是大多数多重星系的结构。不过这些卫星星系最终会被主星系吃掉，使多重星系消失在宇宙空间中。

天蝎座四重星系

四舞伴

在天蝎座的一片宇宙区域里，星系 HCG 87A、HCG 87B、HCG 87C 和另外一个不知名的星系组成一个四重星系，就像 4 个舞伴一样在跳着一场持续上千万年时间的舞蹈，它们最终会合并到一起，形成更大的星系。

难以分类——古怪的星系

在宇宙中有很多奇形怪状的星系，这些星系的形状是从稳定的螺旋形渐变成不规则的外形。虽然这类星系在宇宙中非常少，但是它们却向我们提供了关于星系演化的重要信息。

▲ 水蛇座的 NGC 1472 星系

不明显的星系核

这些古怪的星系大多没有明显的星系核。由于它们内部的物质分布比较均匀，因此很难辨认它们的星系核心在哪里。

知 识 小 笔 记

M82 星系像一个正在燃烧的雪茄，因此被称为雪茄星系。

没有旋臂

这些星系还几乎都没有旋臂，它们的边缘围绕着稀薄的恒星和星际气体，另外内部引力不够强，因此很难使自己的旋臂长时间存在。

古怪星系 NGC 6745 看起来像一只鸟用嘴在啄食，这个有趣现象是两个星系在过去数亿年里互撞的结果

蝌蚪星系

在天龙星座里有一个外形酷似蝌蚪的巨大星系，它叫蝌蚪星系。在很久以前，一个小星系从天龙星座庞大的棒旋星系旁边以很快的速度经过，于是就在这个棒旋星系身后留下了长长的尾迹，构成了这个蝌蚪星系。

正在瓦解的星系

在距离我们地球 1 000 万光年远的地方有一个编号为 NGC 2366 的不规则星系，它开始从中间断裂开，正在瓦解。

▲ 蝌蚪星系

天线星系

在很久以前，宇宙中有两个星系相互吸引，最后结合在一起，成为一个新的大星系，不过它们还在自己经过的路上抛撒了大量的物质，所以现在这个复杂的星系看起来像是一个天线。

▽ 天线星系

天线星系

宇宙集团——星系团

<big>在</big>宇宙之中，星系成群结队地待在一起，构成更庞大的天体系统——星系团。在星系团中，不同星系互相吸引，在宇宙空间中"表演"一支大型的集体舞蹈。

知识小笔记

根据天文学家的预测，我们所处的银河系和邻近的仙女座星系数百万年来一直在相互吸引，如果一直持续下去，那么银河系最终会被仙女座星系所吞噬，两者重新组成一个更为庞大的星系。

星系团的成员

星系团中的成员是各种各样的星系，无论是椭圆星系，还是螺旋星系，或是不规则星系，在星系团里都可以发现它们的身影，包括我们的银河系都是处在一个大型的星系团里的。

哈勃太空望远镜拍摄的大熊座星系群，距离地球100多亿光年

星系团分类

不同的星系团在形状和组成星系上都有所不同，天文学家把星系团分为球状星系团和疏散星系团，也叫做规则星系团和不规则星系团。在组成星系上，球状星系团和疏散星系团也有区别。

银河系

室女座星系团

室女座星系团

室女座星系团是一个疏散星系团，内部有 2 000 个以上的星系，在这个星系团里你可以找到各种类型的星系。因为距离我们比较近，所以室女座星系团中许多天体都在很久前就被人类发现了，比如明亮的星系 M 85 就是其中一个。

疏散星系团

疏散星系团没有固定的形状，而且规模也比较小，内部星系大多为螺旋星系和椭圆星系，不规则星系比较多。疏散星系因为没有致密的中心区域，所以它的结构不稳定。

武仙座疏散星系团

球状星系团

球状星系团的形状呈对称的椭球形，内部星系以椭圆星系和螺旋星系为主。在这些星系之间夹杂着极少的不规则星系。球状星系团的中心区域星系密集，整个星系团的结构也十分稳定。

后发座星系团是一个球状星系团，它内部有上万个各类星系，其中心区域聚集着许多大质量的巨大椭圆星系

恒　星

　　恒星是宇宙中最常见的天体。宇宙之所以会充满光明，全都是恒星的功劳。它们燃烧自己，照亮宇宙，使人类能看到宇宙的秘密，同时它们的光也带来了秘密——恒星自己的秘密。总之，恒星世界是一个充满神秘色彩的领域，吸引着人类去探索。

永恒不变——恒星

我们从地球上遥望夜空，整个宇宙中布满了恒星。在很早的时候，人们认为它们在星空中的位置是固定的，所以称之为"恒星"，意思是"永恒不变的星"，但其实它们也是在不停地高速运动着的。

恒星的质量

为了能启动核聚变，恒星的质量必须达到一定程度。根据目前的恒星理论，一颗恒星的质量只有在太阳质量的8%以上，这颗恒星才能启动核聚变，成为一颗能够发光的恒星。

数以百万计的恒星聚集在一起

转动的恒星

恒星也会自转，因为恒星的表面是炽热的液态物质，所以恒星表面的不同地方会出现不一样的自转速度。通过研究恒星的自转，天文学家可以获得关于恒星内部运动的数据。

快速自转的恒星模型

赫罗图是恒星的光谱类型与光度的关系图，是研究恒星演化的重要工具

恒星光谱

恒星会发射出不同频率的电磁波，这些电磁波构成恒星的电磁谱。在可见光范围内的电磁谱就是光谱。光谱中的光可以是由一些元素发射出来的，也可以被相应的元素吸收，所以研究恒星的光谱就可以知道这颗恒星上都有什么物质。

知识小笔记

恒星的核心物质一旦达到足够密度，其中一些氢就可经由核聚变转换成氦。其内部多余能量会通过辐射和对流的作用，传输到外部。

燃烧的恒星

恒星通过燃烧自己的组成物质来释放能量，这些能量主要以电磁波（包括光）和粒子流的形式发散到宇宙之中。

恒星的寿命

恒星也有自己的寿命，我们可以认为恒星的寿命就是它们能够燃烧的时间，"燃料"燃烧殆尽，恒星就走到了自己生命的尽头。

恒星的一生

渐进长大——成长的恒星

天空中无数的恒星，每一个都有自己的诞生、成长、衰落和死亡的过程。只是恒星离得太遥远了，我们永远无法亲眼目睹它们辉煌的生命历程。幸运的是，尖端的科学正带领我们学习、研究恒星的一生。

艺术家描画的分子云的高密度区诞生的恒星

恒星的诞生

当宇宙的温度开始降低的时候，宇宙中的物质也开始凝聚。以氢元素为主的宇宙物质在万有引力的作用下聚集在一起，当温度合适的时候，聚变之火就被点燃了，剧烈的爆炸就是一颗恒星诞生时的啼哭。

原恒星

型主序星

红巨星

核心

知识·小·笔记

恒星的磁场是由恒星内部物质对流循环产生的，强度会随恒星的质量和成分的改变而改变。而表面磁性活动总量取决于恒星自转的速率，速率越低，总量越小。

转动的恒星

恒星也会自转，因为恒星的表面是炽热的液态物质，所以它表面的不同地方会出现不一样的自转速度。通过研究恒星自转，天文学家可以获得关于恒星内部运动的数据。

恒星的一生：（1）分子云中比较密集的部分开始瓦解；（2）它逐渐形成一个旋转的圆盘，其中心区域更加密集，更为炽热；（3）发热燃烧并释放喷射物质；（4）恒星越来越热，越来越亮；（5）接着，核反应开始，直至衰亡

稳定的"青壮年"期

当一颗像太阳这样的恒星表面温度达到 6 000℃左右的时候，此时是恒星的青壮年时期，也是恒星"身体"最正常的时候，恒星内部的热核反应激烈而稳定，从而产生巨大的热和能量。

一颗又大又重的恒星将变成一颗红超巨星（4A），接着爆发成超新星（5A），然后，它的核心变成白矮星（6A2）或者黑洞（6A1）。另一颗体积较小的恒星正变成一颗红巨星（4B），它把外层抛射出去，形成行星状星云（5B），然后变成一颗白矮星（6B1），最后渐渐失去光亮，变成一颗黑矮星（6B2）

不稳定的"晚年"

到了晚年以后，恒星的重力和内部压强失去了平衡，恒星的状态也变得不稳定，它可能一会儿膨胀，一会儿收缩，也可能不断地膨胀。这时，恒星的温度降低了，颜色也偏红。

一探奥秘——恒星的结构

恒星有自己的结构和形状，其内部不同区域的物质状态不一样，温度也不一样；不仅如此，恒星自身的运动和外界对它的外形也有影响。所以，如果你在宇宙中见到那些形状和外观奇特的恒星，不要感到惊讶。

恒星的结构

首先要说明的是，科学家所说的恒星结构是基于恒星发出的光，根据现在的恒星理论，恒星的结构包括恒星核、恒星大气和恒星冕。对于太阳来说，恒星大气可以分为更详细的部分。

恒星的结构示意图

- 主要由氦组成的中介层
- 氦正在聚变而形成碳的壳层
- 氢正在聚变而形成氦的壳层
- 主要由氢组成的外包层
- 恒星的碳核温度为 1 亿 ℃
- 表面温度约 3 500 ℃
- 正在冷却和膨胀的外层发出炽热的红光

知识·小·笔记

对于一颗正在燃烧的恒星来说，它的体积越大，亮度也越高。

恒星冕

许多科学家相信恒星的外面还笼罩着一层看不见的恒星冕，这里的物质非常稀疏，但是温度却非常高。据推测，这里的物质是由随着恒星风直接从内层跑出来的物质形成的。

恒星表面和大气

恒星的表面非常光亮，因为这里是恒星光的主要来源地，这里的温度比内部低得多，我们看到的恒星的颜色就是这一层发出的。这一层的外面就是稀薄的恒星冕，科学家也是通过研究恒星外层中的物质来了解恒星的。

濒临死亡——巨星和超巨星

当恒星走到晚年的时候，它的体积会变得非常大，成为所谓的巨星，有一些恒星的体积甚至会超过太阳上亿倍，成为一颗超巨星。

巨星

处于巨星阶段的恒星，表面温度也降低很多，但是因为它的体积增大数万倍，所以巨星不仅不会变暗，反而越来越明亮。在步入晚年以后，恒星的变化会变得复杂。

知 识 小 笔 记

红超巨星是濒临死亡的大质量恒星，它们表面的温度比较低，呈暗红色。

一些红超巨星表面，因单位面积辐射的能量较低，相对于蓝超巨星的温度来说会比较低

超巨星

超巨星的直径是太阳直径的数百倍甚至上千倍。它们即使离地球更远，亮度也丝毫不亚于红巨星。超巨星是濒临死亡的恒星，也许在下一秒钟，超巨星就会发生超新星爆发。

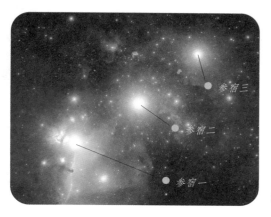

参宿三

参宿二

参宿一

蓝超巨星

蓝超巨星的表面散发着蓝白色的光芒，以前科学家认为蓝超巨星会先转变成红超巨星，然后再发生超新星爆发，但是后来有证据证明，蓝超巨星可以直接发生超新星爆发。目前星空中最亮的蓝超巨星是天津四。

猎户座腰带上的三颗蓝超巨星参宿一、参宿二及参宿三，温度比太阳高，质量比太阳大

慢慢"衰老"——超新星

有时，遥望星空，在某一星区会突然看到一颗原来没有的亮恒星，经过几个月甚至几天，它又慢慢看不见了，古人曾误以为这种"奇特"的星星是新产生的恒星，于是称它们为"新星"或者"超新星"。其实，它们不但不是新生的星体，相反，是正走向衰亡的老年恒星。

定义

在大爆炸的过程中，恒星将抛掉自己大部分的物质，同时释放出巨大的能量。这样，在很短的时间内，它的光度有可能将增加几十万倍，这样的星叫"新星"。如果恒星的爆发再猛烈些，它的光度增加甚至能超过 1 000 万倍，这样的恒星叫做"超新星"。

1994—2003 年所拍摄的超新星 1987A。在这组照片中可以看到，爆炸产生的震波，不断地冲击已形成的环状物质，刚形成中心的超新星遗骸也在持续地扩张

爆炸的原因

新星的本来面目是正在爆发的红巨星。当一颗恒星步入老年，它的中心会向内收缩，而外壳却朝外膨胀，形成一颗红巨星。红巨星是很不稳定的，总有一天它的内部压力会超过引力，于是就发生猛烈的爆炸，形成"新星"爆发。

知识·小·笔记

新星最亮的时候，其光度几乎可达太阳光度的 10 万倍。因为它离地球太遥远了，所以在我们看来它还是一颗星。

◉ 名不副实

新星并不是"新产生"的恒星，而是原来就存在的一颗暗弱的恒星突然爆发，向外抛射大量物质，因此在很短的时间内，它的光度增加十几个星等，这也意味着它的亮度增加了几万倍，使人们误认为生成了新的星体。

◈ 消失的超新星

1572 年，在仙后座中发生过一次超新星爆发，当时在白天都能看到那颗明亮的新星，但三周后亮度很快减弱，到 1574 年 3 月，肉眼已看不到它了。380 年后，天文学家却意外地在同一位置上，接收到一个强大的射电源。据研究，这是那颗已消失的超新星。

大麦哲伦星云内位于成群的气体和尘埃中的超新星遗迹 N 63A

◈ 非凡的意义

超新星的爆发可能会引发附近星云中无数颗恒星的诞生。另一方面，新星和超新星爆发的灰烬，也是形成别的天体的重要材料。因此，新星或者超新星的爆发是天体演化的重要环节，它是老年恒星辉煌的葬礼，同时又是新生恒星的推动者。

❋ 蟹状星云是一个超新星遗迹，源于 1054 年天关客星的爆炸

类新星——麒麟座 V 838

麒麟座是一个亮星很少的星座，不过这个星座里的一颗编号为 V 838 的恒星却非常出名，这是因为人类观测到了它的类新星爆发。

知 识 小 笔 记

在麒麟座 V838 爆发达到最大光度时，可以确认它是银河系最亮的恒星之一。

类新星爆发

当一颗主序星发展到超巨星的时候，它就变得很不稳定，容易爆发。这种爆发很像新星爆发，因此被称为类新星爆发。类新星就是一种经常爆发的恒星。

V838 的爆发

麒麟座 V838 距离地球大约 2 万光年，它本来是一颗相当暗的恒星，不过在走到红超巨星阶段后，它已经发生了很多次类新星爆发，因此周围布满了宇宙灰尘，这些灰尘为我们展现了一幅奇妙的景象。

2002 年 5 月 20 日

2002 年 9 月 2 日

2002 年 10 月 28 日

2002 年 12 月 17 日

"哈勃"拍摄到 2002 年不同时期麒麟座 V838 的照片

爆发

在 2002 年 4 月，遨游在太空中的"哈勃"望远镜观测到麒麟座 V 838 星发生了爆发，爆发后产生的光圈迅速向恒星周围扩张。

破茧而出——白矮星 ■．．

在 宇宙中存在这样一种恒星,它们看起来暗淡无比,却发出白色的光,人们称它们为白矮星。白矮星是一种体积很小的恒星,但是它的质量却大得惊人,密度也很大。它们发出的白光告诉我们:白矮星不是简单的恒星,它有许多秘密。

第一颗白矮星

人类发现的第一颗白矮星就是天狼星的伴星。人们以前一直认为这只不过是一颗暗淡的恒星,但是随着观测技术的提高,人们发现它表面的温度很高,而且质量非常大,后来才认识到它就是理论预言的白矮星。

▲ 天狼星和它的伴星

▲ 白矮星吸附的物质在它周围形成吸积盘,这些物质来自于它的伴星——红巨星

白矮星的形成

一颗质量和太阳差不多的恒星在燃烧的时候,会形成一个致密的恒星核,这个恒星核是由被引力压缩的原子组成的,在恒星爆发后恒星核会留下来,成为一颗新的恒星,它就是白矮星。

知识小笔记

白矮星的表面重力约为地球表面的 10 亿倍。在如此高的压力下,任何物体都不复存在。即使是原子,也会被压碎。

太空中的钻石

一些恒星在燃烧的时候也会产生碳元素。当一颗恒星爆发成为白矮星后，星核上的碳元素在巨大的压力下，就会形成类似地球上的钻石那样的结构。人们把这种白矮星称为"太空中的钻石"。

白矮星星核的结构类似地球上的钻石

最终结局

任何一个高温的物体都会向外辐射能量，白矮星也不例外。在经过热化的过程后，白矮星将逐渐冷却、变暗，在经历一段时间的变化后，它最终会变成体积更小、密度更大、发光能力极其低的黑矮星。

一颗恒星演变成为黑矮星所需的时间比宇宙的年龄还要长，因此理论上宇宙中并不存在黑矮星。即使现在宇宙中有黑矮星，探测到它的难度也非常大

发光的原因

恒星核收缩的过程中，会释放出很大的能量，致使星核白热化，其表面温度甚至高达 10 000℃以上，这就是白矮星发白光的原因。在这个过程中，白矮星也会不断地损失质量，可燃烧的物质也越来越少。

白矮星

大质量的恒星——中子星

如 果一颗恒星核的质量超过了成为白矮星的极限，它就会继续坍缩，变成一颗中子星，中子星来自质量更大的恒星。

中子星内部的质量非常大

极大的密度

中子星上物质的密度十分大，一个地球上大约70克的物质在白矮星上可重达12吨，而同样大小的中子星物质有2亿吨。

知识·小·笔记

当中子星的内核物质发生对流时，其产生的电流足以传遍整颗天体，并通过高速的自转将自转动能转为磁场场能。如果中子星的自转速度较慢，则这种电流只能在局部区域流动。

中子星知多少

现在人们已经发现了1600多颗中子星，这些中子星存在于很多区域，科学家认为还有更多的中子星未被发现，许多天文学家一直努力寻找着。

中子星在旋转时发出强烈的射电信号

中子星的脉冲信号

中子星有很强的磁场。当磁极随着中子星的转动而转动的时候，中子星就会向空间中释放脉冲射电信号，如果这些信号传播到地球，就可以被我们接收到。

强磁场——磁星

现 在人类发现地球、太阳和许多星体都具有磁场。不过，不同的星体磁场的强弱是不一样的。在宇宙中有一类磁场非常强大的星体，它们被称为磁星。

▲ 磁星具有很强的磁场，但它的寿命也是很短的。上图为艺术家笔下的磁星

磁星是什么

磁星实际上就是中子星，只不过它们的磁场比一般的中子星强得多，因此科学家们就把这种中子星称为磁星。

知识小笔记

2004 年，一颗位于银河系另一端的磁星释放高能伽马射线轰击了地球大气。它在不到 1 秒钟内释放的能量就相当于太阳在过去 50 万年内发出的总能量。

磁星的大小

像其他中子星一样，磁星也非常小，甚至在中子星里面，它都算是小个子。但是，磁星的磁场却非常大，即使是远在数千万光年之外，我们依然可以探测到它的磁信号。

- 旋转轴
- 磁场
- 磁极
- 中子星
- 射电波束

→ 脉冲星的磁场示意图

磁星强大磁场的效果图

强大的磁场

磁星的磁场非常强大。如果把一颗磁星放在地球和月亮之间，那地球表面就会乱成一团——所有的电磁通信设备都无法工作，一些小的铁质物品可能会被吸到天空中去。

闪耀的磁星

磁星有时候会突然释放大量的射线，形成壮观的闪耀景观，看起来就像是爆炸了一样，不过我们用肉眼是看不到的。

并不是所有的磁星都会被探测到，科学家只有根据现有的观测数据才发现磁星具有强大磁场的

磁星除了能释放出射电信号以外，还可以释放出伽马射线，现在科学家通过分析一些观测数据，认为磁星是重要的软伽马射线复发源

变化的磁星

磁星的磁场也不是固定不变的，它的磁场会由强变弱，然后再由弱变强，这个过程一直在进行着，所以磁星也被叫做"磁变星"。

太空魔王——黑洞

黑洞是一种理论预言的极端天体，是一个难以探测的怪物。它不停地"吞吃"着周围的一切物质，任何物体一旦被黑洞的引力俘获，就没有丝毫逃脱的希望，只能向黑洞的中心坠落下去，最终瓦解和消失。

"太空魔王"

黑洞的引力很强，任何物体只能在它的外围游弋。如果不慎越过边界，就会被强大的引力拽向中心，最终化为基本粒子，落到黑洞中心，因此人们把黑洞叫做"太空魔王"。

◄ 黑洞模拟图。黑洞向周围吹散巨大气泡，气泡直径达到 10 光年

黑洞引力的秘密

黑洞的质量十分巨大，越靠近它，其引力场也越强。在引力强大到一定程度的时候，黑洞周围就形成一个封闭的空间，任何物质只要进入这个空间，就不会再出去，因为没有出去的路可走。

◄ 任何星体一旦被黑洞的引力所俘获，就没有逃脱的希望，只能向黑洞的中心坠落下去，最终瓦解并逐渐消失

发现黑洞

一些物质在进入黑洞的时候，会放射出强烈的 X 射线，这些 X 射线是黑洞的特征射线，其他天体活动很难产生这种射线。天文学家可以根据这些特征，来判断一块宇宙区域是不是存在黑洞。

知识·小·笔记

当一颗恒星掉入黑洞时，会在黑洞周围形成吸积气盘，吸积气盘里的气体发生剧烈摩擦，强烈发热，并释放出 X 射线。科学家对这类 X 射线的观测，可间接发现黑洞并对其进行研究。

一些物质掉入黑洞时会发射出 X 射线。1965 年，人们根据 X 射线源，发现了一个天鹅座黑洞

吸积盘

在理论上，黑洞会不断地吸取周围的物体。这些物体旋转着落到黑洞上，在黑洞周围形成盘状结构，被称为吸积盘。吸积盘并不是黑洞专有的结构，白矮星和中子星周围也会形成吸积盘。

消失的黑洞

有一些科学家认为，如果一个黑洞吞噬不到物质，它就会慢慢地辐射能量，好像一潭水在蒸发一样，最终消失在黑暗中。不过这种辐射很弱，难以探测到。

太空中美丽的风景——星云

星云是一种由星际空间的气体和尘埃组成的云雾状天体。它有着多变的形状和庞大的体积，在银河系中，其体积往往可达方圆几十光年，所以星云看起来虽然轻飘飘的，就像云彩一样，实际上它却比太阳还要重得多。

☀ 星云的形状

星云的形状千姿百态，很不规则：有的星云呈弥漫状，没有明确的边界，叫弥漫星云；有的星云像一个圆盘或呈环状，发出淡淡的光，很像一个大行星，称为行星状星云。

◀ 当我们用望远镜观测天空时，就会发现宇宙中星云的色彩是多么的绚丽，形态是多么的千变万化

☀ 星云的形成

星云实质上是由各种不同性质的天体组成的大杂烩，它主要是由气体和尘埃物质形成的。据估计，星云是由恒星爆炸后释放的物质形成的，随着时间的推移，它们也有可能形成新的恒星或恒星团。

知识小笔记

许多星云可以直接用天文望远镜观看，因为它们很明亮，但是科学家喜欢用特殊的仪器来探索星云，这样可以得到更多的数据。

▲ 行星状星云通常比较昏暗，肉眼不可见。第一个被发现的行星状星云是位于狐狸座的哑铃星云

太空中的大柱子——创造之柱

在 巨蛇座一块距离地球大约 7 000 光年的区域里，有一个形状类似雄鹰的星云，被称为老鹰星云。这个星云内部有两个非常有名的宇宙天体：创造之柱。

▲ 老鹰星云

☀ 巨大的柱子

在老鹰星云里有两个巨大的柱形区域，这里星际物质密集，因此有大量的恒星在这里出现，于是这两个天体被称为"创造之柱"。

知 识 小 笔 记

天文学家在 2007 年曾做出惊人预测：1 000 年内，地球上的人们便可目睹"创造之柱"被超新星摧毁的景象。

⬡ 创造之柱

创造之柱是我们见过的最巨大的"柱子"，它的长度是以光年来计算的，比上万个太阳系还要庞大。不过它距离我们太远，不借助特殊仪器，我们很难看见它。

⬡ 创造之柱的来源

目前天文学家还不清楚创造之柱是怎么来的，一些科学家猜测它们有可能是由从不同方向冲来的星际物质组成的。

☀ 恒星摇篮

创造之柱的物质密集区域出现了许多原始恒星，这些恒星正在积攒着能量，在未来的某一天，它们会相继发生爆炸，成为发光的恒星。

▲ 创造之柱

绚丽灿烂——猫眼星云

北斗七星的旁边有一个庞大的星座，它就是天龙座，在这个星座里有许多天体，猫眼星云是这些天体中最有名的一个。

猫眼星云

当人们看到这个星云的时候，觉得它像猫的眼睛，于是就给它取名为猫眼星云。猫眼星云是一个行星状星云，它的编号是 NGC 6543。

△ 猫眼星云是典型的行星状星云

知识小笔记

1864 年，英国业余天文学家威廉·赫金斯为猫眼星云作了光谱分析，也是人类首次将光谱分析技术用于星云上。

复杂的猫眼星云

在猫眼星云里，你可以看到由各种物质构成的环、螺旋和像绳结一样扭曲的结构，这些都是星云中心的恒星在抛出物质的时候形成的。

星云中心的恒星

在猫眼星云中心有一个发出白色光芒的恒星，这颗恒星和太阳的质量差不多，不过它即将走向毁灭，每一秒钟都要损失大约两千万吨的物质。

猫眼星云的物质

和大多数行星状星云一样，猫眼星云内的物质大多是氢和氦，另外还有碳、氮、氧和其他微量元素。而且猫眼星云内含有的重金属元素数量要比太阳多一些。

△ 猫眼星云合成影像

宇宙彩蝶——蝴蝶星云

在 蛇夫座一个距离我们地球大约 2100 光年的区域里，有一个美丽的星云，因为形状像是一只飞舞的蝴蝶，所以它被称为蝴蝶星云。

蝴蝶星云的大翅膀

蝴蝶星云最引人注意的就是它那一对大翅膀，这对翅膀的长度有 0.16 光年，也就是说，它比太阳系还要大。

绚丽的色彩

通过特殊天文观测仪器，我们看到蝴蝶星云具有绚丽的色彩，这些五颜六色的光是从星云物质中来的，比如氢元素会发出绿色的光，氧元素会发出蓝色的光，等等。

知 识 小 笔 记

蝴蝶星云看上去非常动人，但是经过几千年之后它就不会像现在这样明亮，因为它的中央恒星会变冷而成为一颗白矮星。

蝴蝶星云

蝴蝶星云中的物质

虽然蝴蝶星云的形状很古怪，但是它的组成物质却是常见的氢、氮、氧和碳等元素，这些元素分布在不同区域，于是星云的不同区域也发出不同颜色的光。

容易辨识——猎户座大星云

前 面我们提到猎户座是星空中最容易辨认的星座，因为它含有许多明亮的星星。在猎户座腰带三星最左边一颗星的左下方有一颗比较暗的星星，它非常特别。

☀ 新的发现

在古代，人们一直认为猎户座大星云是一颗星星，但是发明望远镜以后，才发现它是一个星云，其中最亮的星云编号是 M 42，现在它就是猎户座大星云的一部分。

知识·小·笔记

猎户座是冬季星空最好认的星座。星座中α、γ、β和κ四颗星组成一个不规则的四边形，δ、ε、ζ三颗星则在猎人腰带上排成一条直线，这是猎户座中最亮的七颗星。

猎户座大星云

☀ 庞大的猎户座大星云

猎户座大星云看起来十分庞大，在星云的附近有许多恒星组成了一个星团，从 M 42 一直延伸到猎户座腰带处，不过我们用肉眼看不到它们之间相连的部分。猎户座大星云是仅有的几个能被肉眼看见的星云。

哈勃望远镜拍摄的猎户座大星云。这是至今为止拍摄到的最清晰的猎户座大星云照片

壮观的猎户座大星云

猎户座星云距离我们很近，只有大约1500光年的距离，所以现在我们可以把这个星云看得十分清楚。在许多照片上，猎户座大星云看起来都十分壮观。

↑ 猎户座的马头星云是夜空中最好辨认的星云之一，它是一个大型暗分子云的一部分

马头星云

在猎户座大星云里有一块暗淡的区域，这个区域就像是马的头部，因此被叫做"马头星云"，它其实是一团寒冷的尘埃云。

↑ 庞大的猎户座大星云

猎户座大星云内的恒星

在猎户座大星云里也有许多新生恒星，大部分恒星都形成于200万～300万年前，这些恒星的质量和太阳差不多。因为离我们近，所以这些恒星成为人类最好的研究对象。

成双出现——双星

在 浩瀚的宇宙里，许多恒星喜欢成双成对地出现，互相环绕，交相辉映，构成一对美丽的双星。这些双星不仅仅使我们觉察到宇宙的无奇不有，而且还包含着许多的秘密，在破解这些秘密的同时，我们对宇宙的认识又加深了一步。

天空中的双星

天文学家们发现银河系中半数以上的恒星都是双星体，它们之所以有时被误认为是单个恒星，是因为构成双星的两颗恒星相距太近，而且离我们太远，因此很难分辨。

M 40 是一对双星，位于大熊座。1764 年梅西耶将它视为一个天体而编号。其距离地球约 500 万光年

知识·小·笔记

在特定的时刻，牛郎星和织女星可以成为一对光学双星。

物理双星与光学双星

双星也有不同，有的是一颗恒星绕另一颗恒星运动，互相以重力相联系，这种双星就叫物理双星；有的双星仅仅是看起来离得很近，而实际上没有什么联系，这种双星叫做光学双星。

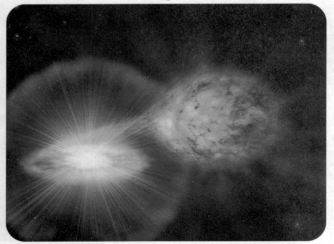

双星的运动

双星的运动比较复杂。组成双星的每一颗恒星称为子星，银河系里的双星除了围绕银心运动以外，还互相围绕运动，它们的轨迹构成一个类似数字"8"的图形。

蛇夫座 RS 星是一组激变双星，它是由一颗红巨星和一颗白矮星组成的双星系统

独特的星云——多合星

有时候几颗恒星之间的距离比较近,它们就会形成多合星,比如三合星、四合星或六合星。

多合星的来源

那些庞大的弥漫星云是多合星的来源。在这些星云里,恒星们在不同的区域诞生,如果这些恒星离得足够近,它们就可以组成多合星系统。

四合星

在 HD 98800 的恒星系统中有两对双星,它们组成了一组四合星,如果地球是在这个恒星系统里,我们就会看到天空中有四个太阳。

编号为 HD 98800 恒星里的四合星

三合星

北极星是一颗我们非常熟悉的恒星,天文学家发现它的周围还围绕着两颗恒星,所以北极星是一组三合星。像这样的三合星还有很多。

六合星

双子座代表着一对双胞胎——双子座阿尔法星就是一个由三对双星构成的六合星系统,而双子座贝塔星也是一个六合星,瞧这兄弟俩多像啊。

双子座阿尔法星是一组六合星

星星之城——星团

在 宇宙中，有许多恒星成群结队地遨游太空。它们或者十几颗成一组，或者几百颗一组，有的甚至几十万颗组成一个集团，这些恒星团就被称为星团。一些大的星团我们用肉眼都能看得到。

星团的年龄

星团形成的时间不一样，结构也不一样，刚形成的恒星组成的星团通常结构不紧密，是疏散星团；而那些由老年恒星组成的星团一般是球状星团，这些星团存在时间可能长达上百亿年。

● 玫瑰星云内部新生的星团

球状星团

球状星团是由数十万颗恒星聚集成球形的星团，它们的成员成千上万，有的甚至是由几十万颗恒星组成的，形成了庞大的"集团"。球状星团的中心区域恒星密集，边缘部分稀疏。

▼ M 13 球状星团

↑ 昴宿星团，以高温蓝色恒星为主，使环绕的云气形成反射星云的疏散星团

疏散星团

疏散星团是由十几颗到几千颗年轻的恒星组成的星团。银河系中已发现的疏散星团有上千个。即使在月色明朗的晚上，它们也十分明亮，只需使用天文望远镜，就可以清晰地看到。

昴宿星团

金牛座中有一个著名的疏散星团，叫做"昴宿星团"，也叫做"七姐妹星团"，它由 280 多颗恒星组成，直径大约 13 光年，距离我们大约有 410 光年。这些恒星没有规律地排列在一起，相互之间的联系也没有球状星团那样紧密。

知 识 小 笔 记

金牛座中有一个叫做"毕星团"的著名疏散星团，它是由大约 300 颗恒星组成，直径大约为 33 光年，距离我们大约有 143 光年。

异类星团

有时候，星系之间的碰撞，也会产生一些星团，这些星团既不像球状星团，也不像疏散星团。这些异类星团有可能是来自被破坏的星团，也可能是聚集在一起的恒星组成的新星团。

▷ 圣诞树星团最终将会分离

太阳系

　　太阳是离我们最近的恒星，也是地球上热量的主要来源。我们的地球和其他大大小小的行星一起围绕太阳旋转运动，构成了太阳系。虽然太阳系只是很小的一块宇宙区域，却也有数不尽的奥秘，等待着我们去探索。

美丽家园——太阳系

太阳系就是一个由恒星和一群行星组成的天体系统。这里有我们熟悉的太阳、金星、水星和木星等行星，也有我们最为熟悉的地球和月球——这里就是我们的家园。

太阳系的中心

太阳是太阳系的中心恒星，它的质量占太阳系总质量的 99.8%。它以自己强大的引力将太阳系里的所有天体牢牢地吸引在它的周围，使它们井然有序地绕自己旋转。

▲ 太阳系的每个成员在各自的轨道上有序地围绕着太阳运行

太阳系的运动

太阳带着整个太阳系，在一个以银心（银河系中心区）为中心的椭圆轨道上运行，同时它还以自身为轴心不知疲惫地转动着。

太阳系里的小碎块

在太阳系里还存在许多体积很小的天体，被称为太阳系小天体。它们游荡在太阳系里，几乎太阳系的每一个区域里都存在着这样的小天体。

◀ 太阳系里的小碎块物质

水星

金星

地球

火星

八大行星

　　八大行星中离太阳最近的行星是水星，以下依次是金星、地球、火星、木星、土星、天王星和海王星。

木星

地球上的一年

　　我们把地球围绕太阳旋转一圈所用的时间称为一年，地球上的一年大约是365天，但是其他行星上的一年就不是这个天数了。

土星

天王星

海王星

太阳之子——行星

行星，又称惑星，是围绕恒星运行且本身不发光的天体。一般来说，行星需要具有一定的质量，行星的质量要足够大，这样一来它的形状大约是圆球状，质量不够的则成为小行星。

知 识 小 笔 记

20世纪末，人类在外星系统中也发现了行星，现在已有近百颗太阳系外的行星被确定。

行星的形成

现在最受肯定的行星形成学说是星云形成说，这种学说认为，行星是一块漂浮在轨道上的星云慢慢凝聚而成的。

行星的形成

行星的分类

为了区分八大行星的性质，天文学家把八大行星大致分为两类，一类为类地行星，包括水星、金星、地球和火星。另一类为类木行星，包括木星、土星、天王星和海王星。

水星　　金星　　地球　　火星

类地行星

类地行星由相当紧密的岩石物质构成，表面坚硬。这类行星自形成以来经历了很大变化，原来的气体层中较轻的气体散逸了，形成了现在的大气层。随着时间的推移，它们的表面特征也在不断地发生变化。

类地行星

巨行星

木星和土星被称为巨行星。木星的直径大约相当于地球的 11 倍，土星的直径比地球的直径大 9 倍多。不过它们的质量并没有相应增加，所以密度要比地球小得多。它们虽然没有坚硬的表面，却有岩石和冰构成的行星核。

八大行星

光明之源——太阳

太阳是太阳系的中心天体,是太阳系里唯一的一颗恒星,也是离地球最近的一颗恒星。如果没有温暖的太阳,地球将变得又黑又冷,没有任何生物可以生存。

庞大的体积

太阳是太阳系里唯一的一颗恒星，主要组成物质都是氢和氦，所以它的体积十分庞大，约为141亿亿立方千米，大约是地球的130万倍。

太阳系的"领袖"

太阳的质量近 $2×10^{27}$ 吨，是地球质量的33.3万倍，整个太阳系的物质几乎都集中在太阳上，因此太阳是太阳系里至高无上的"领袖"。

▼太阳系

太阳是太阳系年纪最长、质量和体积最大、力量最强的天体

色球层
光球层
日冕
辐射层
对流层
日核
直径为 1393294 千米
太阳黑子
日珥

太阳的结构

太阳是一个炽热的红巨星，它没有固体的星体或核心，从中心到边缘全是气体，可分为核反应区、辐射区、对流区和大气层。

知识·小·笔记

太阳是一个巨大的气体火球，它由大约 71% 的氢、27% 的氦和 2% 的其他元素构成。

太阳黑子

太阳黑子其实是太阳表面一种炽热物质的巨大旋涡，因为它的温度大约为 4 500℃，而光球其余部分的温度约为 6 000℃。就这样，在明亮的光球反衬下，这些温度比较低的区域看上去就像一些黑色的斑点。

太阳黑子

微粒辐射——太阳风

太阳风是来自太阳的连续微粒辐射，它起源于日冕膨胀而形成的充满行星际空间的等离子体流。

冕洞里的物质稀少，而且存在时间也比较长，有时可达1年时间

日冕

太阳最外层的大气称为日冕，它延伸的范围达到太阳直径的几倍到几十倍。其亮度只有太阳本身的百万分之一，因此只有在发生日食时人们才能看到它。

知识小笔记

太阳风的发现是20世纪空间探测的重要发现之一。

太阳风的形成

日冕中有大片不规则的暗黑区域，称为冕洞。这里的磁力线向宇宙空间扩散大量等离子体顺着磁力线跑出去，形成高速运动的粒子流，也就是我们所说的太阳风。

太阳风的存在，给我们研究太阳以及太阳与地球的关系提供了方便

太阳风的影响

太阳风是太阳在活跃时期喷射出的粒子流。这种太阳风对地球影响很大，当它抵达地球时，往往会引起很大的磁暴，同时骚扰电离层，影响地球上的短波通信。

太阳风的存在，给我们研究太阳以及太阳与地球的关系提供了方便

持续太阳风

太阳风分为两种，一种是持续太阳风，它的射流速度比较小，而微粒含量也不多。这种太阳风对地球的影响不是很大，影响较大的是扰动太阳风。

美丽的极光

当太阳风抵达地球极区时，地球的两极就会出现极光。极光的形态很多，不仅会在地球上出现，太阳系内某些具有磁场和大气层的行星上也会出现。

美丽的极光

最小的行星——水星

水 星也称辰星，它是八大行星中最靠近太阳的一颗行星。水星行动迅速，神出鬼没，在一个半月的时间里，它会沿着一段奇特的曲线运动，是太阳系中运动速度最快的行星。

知识小笔记

水星是太阳系里最小的行星，它的赤道直径大约有4 880千米，还不到地球直径的40%。

水星的大气

由于受太阳辐射、烘烤、暴晒最强，加之引力不够大，水星表面的气体都被吹到太空中，只有微量的大气存在于表面。水星大气层极其稀薄，主要由氧、钾和钠组成。

- 氦占6%
- 钾和其他气体占1%
- 氢占22%
- 氧占42%
- 钠占29%

▲ 水星的大气结构示意图

- 地壳
- 地幔
- 地核

▲ 水星的内部结构

水星结构

水星是八大行星中最小的一个行星，它的外貌很像月球，内部结构却类似地球，也分为壳、幔、核三层。天文学家推测水星的外壳是由硅酸盐构成的，其中心有个比月球还大的铁质内核。

☀ 水星地貌

在地面上观测水星，几乎看不到水星表面的细节，只能通过宇宙飞船发回的照片来对它进行研究。水星表面大大小小的环形山星罗棋布，既有高山，也有平原，还有令人心惊的悬崖峭壁。

◂ 水星表面大大小小的环形山星罗棋布，既有高山，也有平原，还有令人心惊的悬崖峭壁

❈ 水星环形山

据统计，水星上的环形山有上千个。因为水星上没有大气和风，因此这些环行山保存得相当完好。这些环行山都已被命名，有十多个环形山是用中国人的名字命名的，其中就有鲁迅环形山。

● 环行山的直径从几米到几百千米不等

▲ 水星上蜘蛛状的陨石坑

水星 地球

水星凌日

▲ 水星凌日示意图。水星凌日的道理和日食类似，不同的是水星比月亮离地球远，视直径仅为太阳的 1/1 900 000

☀ "水星凌日"

当水星走到太阳和地球之间时，在太阳圆面上会看到一个小黑点穿过，这称为"水星凌日"。由于水星挡住太阳的面积太小了，不足以使太阳亮度减弱，所以，我们用肉眼很难看到水星凌日，只能通过望远镜进行观测。

反向旋转——金星

在 中国古代，金星被称为太白或太白金星。它有时是晨星，黎明前出现在东方天空，被称为"启明"；有时是昏星，黄昏后出现在西方天空，被称为"长庚"。金星是夜空中最亮的星之一，犹如一颗耀眼的明珠高悬天宇。

地球的孪生姐妹

金星被称为地球的孪生姐妹，它与地球十分相似：半径大约为 6 073 千米，只比地球小 400 千米，平均密度略小于地球，体积是地球的 0.88 倍；质量为地球的 4/5，周围也有大气和云层。

知识小笔记

金星上最高的山峰至地面落差达 10 590 米，比地球上的珠穆朗玛峰还高。

← 金星

☀ 太阳从西边出来

"太阳从西边出来"是金星上最有特色的景观，因为金星的自转方向和地球是相反的，它也是太阳系中唯一逆向自转的大行星，所以，从金星上看太阳，自然是西升东落的。

▷金星上太阳西升东落示意图

西　　　　　　　　　　　　　　东

☀ 被"棉被"包裹的行星

金星表面的温度超过 400℃，这是由"温室效应"引起的。金星的大气层厚重浓密，其主要成分是约占 97% 的二氧化碳，这就像给金星裹上一层"棉被"一样，太阳辐射产生的热量只能反射出去很少一部分，使得金星表面变得非常炎热。

● 金星上的火山

☀ 金星峡谷

在金星表面有一条巨大的峡谷。这条峡谷从南到北，长度有 2 250 千米，是太阳系内已知的第二大的峡谷。

人类的摇篮——地球

地球被誉为是生命的家园，它至今仍是我们所知的唯一一个拥有生命的星球，我们人类也在这个星球上生活了几十万年时间，在所有的太阳系行星中，地球和人类的关系最为密切，也是人类了解得最多和最深入的行星。

地壳

硅岩层

外层地核

内层地核

▲ 地球的内部结构

地球的组成

地球是一个球状物体，由固体、液体和气体三种状态的物质按照一定的分布顺序组成。地球本身的主要部分为固体，外层叫岩石圈，岩石圈表面被一层饱含水分的水圈所包围，水圈以外就是大气圈。

地球公转轨道

自转

太阳光

白天

黑夜

▲ 地球的自转和公转

日出和日落

日出和日落也是地球自转造成的。当它自转时，如果转向太阳，我们就看到太阳出来了，当转到背离太阳，我们就看到太阳落下了。太阳升起之后是白天，落下之后是夜晚。

地球的运动

　　地球是一个旋转的球体，它主要有自转和公转两种运动形式，在自西向东自转的同时围绕太阳公转。地球自转产生了昼夜交替变化，而公转运动使地球上有了四季变化。

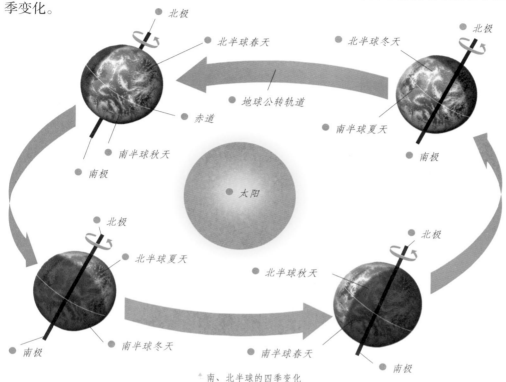

　　北极
　　北半球春天
　　地球公转轨道
　　赤道
　　南半球秋天
　　南极
　　北极
　　北半球冬天
　　南半球夏天
　　南极
　　太阳
　　北极
　　北半球夏天
　　南极
　　南半球冬天
　　北半球秋天
　　南半球春天
　　北极
　　南极

▲ 南、北半球的四季变化

地球表面的空气

　　地球表面的空气是生态环境非常重要的组成部分，空气中的主要成分是氮气、氧气、二氧化碳和水蒸气等气体，为生命运动提供氧气，同时也通过运动来调节水资源和热量。

知识小笔记

　　1519年9月，葡萄牙航海家麦哲伦的环球航行证明地球是圆的，而前苏联宇航员加加林是第一个从太空看见我们蔚蓝色地球的人。

◀ 美丽的生物世界

美丽的生物世界

　　地球上最引人注目的就是各种各样的生物，它们组成了地球上庞大而复杂的生物世界。

地球卫星——月球

月球是我们最熟悉的天体。在晴朗的夜空里，除了少数时间外，我们几乎每天都可以看见月球。不过直到 17 世纪，人们才用望远镜更准确地观察月球，从那以后，我们也越来越了解月球。

▲ 月球的结构

- 月壳
- 月幔
- 外核
- 内核

月球的结构

科学家发现，月球有一个含铁和硫的小核，它被一层半熔化状的岩石层（外核）所包围，该层外面是一层固态岩石（月幔），最外层是岩石壳，其主要成分和地球差不多，却富含钙和铅等元素。

月陆

月球上那些明亮的区域就是"月陆"，其实月陆是月球表面上古老的高地和山脉，由于反光能力很强，所以它们看上去很亮。月陆占据了月球表面的绝大部分面积。

知 识 小 笔 记

现在人们根据测量，发现月球的年龄大约有 45 亿年。

哥白尼环形山

亚平宁山脉

黑白分明

和地球不同的是，月球没有空气散射、折射，所以一切黑白分明。阳光照耀之处，光亮刺眼灼人，但是却能清楚地看见星空；而在阴影处，却是漆黑一片，什么也看不见。

↑ 月球表面万籁俱寂，满目苍凉

满月

无声的世界

我们在地球上能够听到声音，是因为空气可以传播声音，但是月球上没有大气，这就意味着没有传播声音的媒介，所以在月球上什么声音也听不到。

地月系统

月球不单是最靠近地球的天体，同时还是地球唯一的天然卫星，它与地球组成一个天体系统——地月系统。因为与地球关系密切，所以月球的运行也会对地球产生很大的影响。

↑ 月球运动示意图：月球在自转的同时绕地球公转，而且还跟地球一起绕着太阳转

地球

月球

远日点

近日点

月球

↑ 月球围绕地球运行图

妙趣横生——变幻的月食

在 太阳光下，每个物体都会产生影子，地球也不例外。当月亮是满月时，它会被地球的影子遮住，但过一会儿又从另一边出来，这种现象我们称为"月食"。

初识月食

古时候，人们不懂得发生月食的科学道理，像害怕日食一样，对月食也心怀恐惧，常常以为月食就是世界末日的来临。

知识小笔记

公元前2283年，美索不达米亚记录月食是世界上最早的月食记录，其次是中国公元前1136年的月食记录。

▲ 发生月全食时月亮是红色的

月全食

地球的直径大约是月球的4倍，在月球轨道处，地球本影的直径仍相当于月球直径的2.5倍。所以当地球和月亮的中心大致在同一条直线上，月亮就会完全进入地球的本影，从而产生月全食。

月全食和月偏食形成示意图

太阳　　地球　　月球

自然奇景——日食

晴 空万里,阳光灿烂,但一瞬间,太阳的光辉被夺走,黑暗笼罩着大地,天空出现了亮星,鸟兽匆匆归巢,大自然处于一片沉寂之中,这就是日食发生时的景象。这神奇而罕见的自然奇景,会让人难以忘怀。

日食发生的规律

每年日食最多出现 5 次,最少出现 2 次;日全食大约 1 年半发生一次。在南、北极地区只能看到日偏食。

▲ 日全食示意图

《日食和平条约》

公元前 585 年发生的日全食,还阻止了一场战争。当时,爱琴海东岸的两个部落正在交战。突然,明朗的天空一片黑暗。双方战士都很害怕,以为上天不喜欢他们互相开战,于是,双方立即签订了《日食和平条约》。

知识·小·笔记

我国有世界上最古老的日食记录,在 3 000 年前就有关于日食的记录了。

倍利珠

在太阳将要被月亮完全挡住时,在日面的东边缘会突然出现一弧像钻石似的光芒,这就是天文奇观"倍利珠"。

▶倍利珠

火红的世界——火星

在我们看来，火星是一颗火红色的星球，它就像燃烧的火球一样在天空中飘荡，因此人们把它比作战神玛尔斯。在天文望远镜出现以后，科学家们发现火星只不过是一个反射太阳光的星球，它的表面是一个红色的世界。

☀ 火星的面貌

火星上到处都是碎石和沙子，在火星赤道上有一条巨大的裂谷，这个裂谷被称为水手峡谷。火星的两极被冰覆盖着，因此是白色的，但是这种冰不是我们在冬天见到的冰，而是干冰。

● 火星赤道上有个被称为"水手峡谷"的大裂谷

生锈的红色世界

在干燥的火星表面，遍地都是红色的土壤和岩石。科学家通过对其表面物质成分的分析得知，火星土壤中含有大量氧化铁，由于长期受紫外线的照射，铁就生成了一层红色和黄色的氧化物，于是，这里成了一个"生了锈"的红色世界。

知识小笔记

火星的直径大约为地球的 1/2，体积还不到地球的 1/6，质量仅是地球的 1/10。

▽ 火星表面

荒凉之地——火星的奇景

火星表面充斥着沙尘，无尽的沙漠、连续不断的丘陵和洼地一直延伸向远方，表面布满乱石，这些与大峡谷、大火山及坑洞交织在一起，构成一个荒凉的世界。

火星表面大部分是含有大量红色氧化物的大沙漠

知识小笔记

水手峡谷是火星上最大的峡谷，它有大约 3 000 千米长，最宽处超过了 600 千米，最深处达 8 千米。

火星尘暴

火星上每年都要刮起一次特大的风暴，这是火星大气中独有的现象。地球上的台风风速不过每秒 60 多米，而火星上的风速竟高达每秒 180 多米。整个火星一年中有 1/4 的时间都笼罩在漫天飞舞的狂沙之中。

火星上的人脸

火星探测器曾经拍摄过一张有模糊人脸的照片，这曾经被看作火星文明的标志，后来更清晰的照片显示这张人脸只是一座小山而已。

阿尔西亚山

太阳系巨人——木星

木星是太阳系中最惹人注目的一颗行星，它是八大行星中个头儿最大的，而且它的亮度仅次于金星。木星公转一周大约需要12年时间，每12个月出现一次，所以在中国古代，人们用它来纪年，称为岁星，也叫太岁。

木卫一

木卫二

木卫三

木卫四

太阳系的胖子

木星有着巨大的质量和庞大的体积，它的质量是太阳系中其他 7 颗行星质量总和的 2.5 倍，直径约为 14.3 万千米，是地球直径的 11.25 倍；体积为地球的 1 316 倍。

知识小笔记

木星有着数量非常多的卫星，现在人类已经确认木星至少有 16 颗卫星。

木星温度

木星内外的温度差异很大，包裹在浓密的大气中心的星核温度高达 30 000℃，但是木星上低温区的温度可能会低至−120℃。在这里，流淌在河流和海洋里的不是水，而是液态氢和其他本来是气态的物质。

大气

固态氢

固体核

液态氢和氦

木星的内部结构

内部结构

木星的内部是由铁和硅组成的固体核，称为木星核；核外绝大部分是氢，液态的氢分子层与液态的金属层合称为木星幔；木星幔的外面是木星的大气层，其厚度有上千千米，几乎全由氢和氦构成，只有微量的甲烷、氨和水汽。

平坦的表面

因为木星是一个气体行星，它的表面有着大量的液态物质，所以木星的表面十分平坦，没有特别高的山峰，也没有特别低的深谷。

木星的表面平坦

快速自转的影响

木星快速地围绕自己的轴心旋转，以致其表面浓密的大气跟不上它的节奏，自转产生的巨大离心力把大气分为平行的云带，尤其木星赤道附近，明暗相间的云带十分明显。

木星的自转示意图

光环环绕——土星

土星是离太阳第六远的一颗美丽行星，它那橘色的表面，漂浮着明暗相间的彩云，配以赤道面上那发出柔和光辉的光环，远远望去真像个戴着一顶大沿遮阳帽的女郎，凡是用望远镜看过土星的人，无不惊叹这宇宙的杰作。

土星

土星概况

土星的大小仅次于木星，直径约 12 万千米，体积是地球的 745 倍，但是它的质量并没有相应地增长，平均密度比水还小，仅有每立方厘米 0.7 克。

土星的颜色

土星的颜色来自它的大气。这些大气含有不同温度的物质，它们聚合在一起，形成不同颜色的云带。这些云带大多是金黄色的，也有一些是橘黄色或红色。

知识小笔记

土星绕太阳一圈大约需要 29 年，而它在赤道上自转一圈只要 10 个多小时，这样计算下来，土星上一年就是大约 2.6 万天。

● 大气层

● 液态氢和氦

● 液体金属态氢和氦

● 岩石和冰构成的内核

土星的内部结构

土星的内部结构

土星的内部结构与木星相似，也有岩石构成的核。核的外面是 5 000 千米厚的冰层和金属氢组成的壳层。其外围也像木星一样被色彩斑斓的云带包裹着。这些彩色的云带主要由氢、氦以及甲烷等组成。

绕太阳公转周期为 29.46 年

太阳

自转轴与垂直面的夹角为 26.7°

绕轴自转一周需 10.66 小时

有趣的土星

土星是一个有趣的行星，它的运动相当迟缓，要花费 29 年多的时间才能围绕太阳旋转一圈，这和中国古代的二十八星宿相近，因此在古代土星被称为镇星。

比水还轻的行星

别看土星的个头很大，实际上它的密度比水还要小。如果能把土星放在一片巨大的海洋里，土星就会漂浮在水面上，不会沉到海底去。

土星的密度很小，假如将土星放入水中的话，它会浮在水面上

土星与它的卫星(前面最大的是土卫三)

土星的卫星

土星是太阳系中卫星数目最多（30 颗以上）的行星，周围有许多大大小小的卫星，它们共同组成了太阳系中的"土星家族"。其中最著名的是"土卫六"，它是目前发现的太阳系卫星中唯一的有浓厚大气存在的卫星天体。

躺着运行的行星——天王星

天王星是人类在近代发现的第一颗太阳系行星，也是太阳系中第七颗被发现的行星。从直径来看，天王星是太阳系中第三大行星，不过天王星的体积虽然大，质量却并不大，甚至还没有个头比它小的海王星重。

躺着运行的行星

与太阳系中其他行星不同，天王星的赤道面与轨道面的倾角几乎为直角。也就是说，它的自转轴几乎是倒在它的轨道平面上，它以躺着的姿势绕太阳运动，有人因此将它称为"一个颠倒的行星世界"。

知识小笔记

天王星是英国天文学家威廉·赫歇尔在 1781 年用自制的反射式望远镜偶然发现的。

庞大的体积

天王星体积很大，其直径为 5 万多千米，是地球的 4 倍多，体积相应地是地球的 65 倍，仅次于木星和土星，在太阳系位居第三，但是它的质量仅是地球质量的 14.5 倍。

▲ 天王星

天王星的卫星

在 1985 年之前,人们只知道天王星有 5 颗卫星,它们几乎都在接近天王星的赤道面上绕天王星转动,随着人们的观测,截至 1999 年,被发现的天王星的卫星总数已达到了 20 颗。

因为天王星的自转轴倾斜角为 98°,以前发现的 5 颗天王卫星都成了逆行卫星

◁ 天卫五

天卫五

天卫五的直径只有 484 千米,比较小,但它有着复杂的地形,包括高达 24 千米的山峰、坑坑洼洼的洞和数条线状的沟。天卫五的地貌成因迄今依然是个谜。

天王星的光环

并不只是土星才有美丽的光环,天王星也有。过去人们认为它的光环是 9 条细环,但探测器的探测结果表明它的光环远不止 9 条,而且不同的环有不同的颜色,这些给这颗遥远的行星增添了新的光彩。

风暴行星——海王星

海王星是近代人类发现的第二颗太阳系行星，按距太阳的平均距离由近及远排列，海王星排行第八。因为距离太阳系中心十分遥远，海王星的亮度只有 7.85 等，人们只有借助天文望远镜等工具才能看到它。

孪生兄弟

海王星的直径约为 49 400 千米，和天王星大小相似，但是质量却比天王星略大一些。海王星和天王星的主要大气成分都是氢和氦，内部结构也极为相近，它们就像一对孪生兄弟。

▲ 大气里的甲烷使海王星呈蓝色

海王星上的风暴

海王星上的风暴恐怕是太阳系所有行星中最猛烈的了。因为一些未知的原因，海王星上经常刮起大风，形成极强的风暴，狂风的速度达到了每小时 1 000 千米，这样的风暴可以一下子就把一辆卡车吹得不知去向。

知识小笔记

现在人类发现海王星有 8 颗卫星，其中大部分是探测过海王星的"旅行者"2 号探测器发现的。

海王星是太阳系中风力最强的一个行星

海王星的光环

目前天文学家确认海王星有 5 条光环：里面的 3 条比较模糊，可能是由卫星残片构成的；外面的两条比较明亮，比里面的环更完整，最外面的环只有几段弧特别亮。

被误会的行星——冥王星

冥王星曾被认为是太阳子中距离太阳最远的行星，但是天文学家们不断地精密测量，发现它是大行星中的一个另类，最后被降级为矮行星。

引起误会的行星

冥王星的直径约为 2 274 千米，而和冥王星同轨道的卡戎星的直径约 1 180 千米。由于冥王星的直径和质量很小，自它被发现以来，关于它的身份，人们就争论不休。

↳冥王星

知识小笔记

国际天文联合会于2008年6月10日正式宣布冥王星将同一些"矮行星"一起被称为"类冥王星"天体。

难以分辨

由于冥王星离我们实在太远了，以至于在大望远镜里也不能把冥王星和它的卫星分开。这好比气象站的风速计，一根横杆连着两个圆球，在疾风中旋转。从远处看去，两个圆球融成一体，只能察觉出它时圆时扁的变化。

↳从月球上看冥王星及卫星卡戎

星空扫帚——彗星

彗星是一种奇特的星体,它包括彗核、彗发和彗尾三个部分。在古代,这种出没无常、形态怪异的天体,曾让人们惊恐不已。其实,彗星也和地球一样,是太阳系的成员之一,很多人认为彗星是地球最大的威胁之一。

彗星

庞大的彗星

在太阳系里没有任何一个天体的体积可以和彗星所占的空间相比,太阳也不例外。大的彗星,彗头的直径就有 185 万千米,相当于地球直径的 145 倍;小的彗星,彗头的直径也有 13 万千米,是地球直径的 10 倍多。

知识小笔记

现在一些科学家认为地球上的水都是彗星带来的。在地球刚刚形成的时候,一颗巨大的彗星撞击了地球,给地球带来了很多水。

彗星的身世

彗星的故乡是一个远离太阳的寒冷区域,这个区域里有无数的冰冷固体物质,当这些物质凝聚后慢慢靠近太阳时,固体的冰冷物质开始融化并蒸发,彗星就是这样形成的。

☀ 运行轨迹

彗星除了"长尾巴"的特点之外，还有它与众不同的运行轨道。彗星的运行轨道不像行星轨道那样是一个近似圆的椭圆形，而是一个极扁极扁的椭圆，甚至有些彗星还是抛物线或双曲线轨道。

▲ 彗星的运行轨道示意图

▲ 彗星

☀ 彗星的组成

一颗完整的彗星是由彗核、彗发和彗尾三部分组成的。彗核是彗星的主要部分，它集中了彗星的大部分质量，彗核外面包裹着一层云雾般的东西，称为"彗发"，它是彗核周围明亮的发光气体和尘雾，彗核和彗发合称"彗头"。彗尾就是散落的彗发。

☀ 哈雷彗星

最出名的彗星就是哈雷彗星了。在 18 世纪的时候，英国著名科学家哈雷利用观测数据和牛顿的万有引力理论，成功地计算出这个彗星的回归周期是约 76 年。

▽ 哈雷彗星

星空使者——流星

我们所见到的流星是游荡在宇宙空间的小不点——流星体造成的，它们小的好比芥末，大的就像绿豆。流星体跑到地球附近，闯进大气层，就会与大气发生剧烈的摩擦，形成流星。当地球遇到流星群时，就会发生流星雨。

流星来源

流星的来源很多，最重要的来源就是瓦解的彗星。当彗星在围绕太阳运行的时候，会在自己的轨道上留下许多气体和尘埃颗粒。这些被遗弃的物质就成了许多小碎块，如果它们坠落到地球上，就成为流星。

狮子座流星雨

狮子座流星雨

狮子座流星雨是历史上最罕见、最壮观的周期流星雨之一，这些流星是同一颗彗星带来的。流星雨出现的时候，暗淡的星空中不断地有明亮的流星划过，留下一道道美丽的轨迹。

流星雨是夜空中有许多的流星从天空中一个所谓的辐射点发射出来的天文现象

知识小·笔记

早在 2500 多年前，人类就有关于流星雨的记录，但是科学家相信早在此之前人们就观测到多次流星雨。

† 单个流星

突然降临

有时，我们会在夜晚的天空偶尔发现一个闪着光芒的流星，这种总是单个出现的流星称为单个流星或偶发流星。单个流星总是喜欢突然降临，它们出现的时间难以确定。

燃烧的流星

流星燃烧的时候会发出光芒，这些光的颜色与流星所含的物质和温度有关，如果流星中含有钠元素，在大气中摩擦燃烧的时候就会发出黄色的光。

† 流星雨

火流星

如果一个流星体的质量比较大，那么它就可以到达低层大气中，并在燃烧的时候发出耀眼的光芒。有时候，它还会因爆炸而发出震耳的声音，这种流星就被称为火流星。

天外来客——陨石

陨星是有些较大的流星体在空气中未燃烧完而落到地面上的遗留物，大小不同，形状各异。陨星被科学家们称为"来自宇宙的信使"，因为它的身上携带着很多信息。通过研究一颗陨石，我们可能获得关于宇宙演化的证据。

知识小笔记

1976年，我国吉林省吉林市下了一场大陨星雨，事后共收集到100多块陨星标本，其中，"吉林"1号陨星就是目前世界上最大的石陨星。

陨星的身世

流星体一般在大气中全部燃烧气化，只有较大的流星体或微流星体可以陨落或飘落到地面，分别成为陨星和微陨星。至今为止，全世界收集到的陨星样品已有几万块。

灾难使者

一些严重的陨星撞击事件（包括小行星、彗核和大流星体冲击地球），不仅会立刻导致大量生物死亡，还会留下经久不散的烟云，使地球气候骤变。

电脑合成的陨星划过地球的图片

不安分的行星——小行星

在 太阳系中,除了八颗大行星以外,还有成千上万颗我们肉眼看不到的小天体。它们也沿着椭圆形的轨道不停地围绕太阳公转。与八大行星相比,它们好像是微不足道的碎石头。这些小天体就是太阳系中的小行星。

小行星概况

大多数小行星的形状很不规则,而且表面粗糙、结构稀松,表层由含水矿物组成。它们的质量很小,按照天文学家的估计,太阳系所有小行星加在一起的质量也只有地球质量的 1/40 000。

与太阳系的八大行星相比,小行星就像微不足道的碎石头

知识小笔记

现在人们大多相信,在6 500 万年前,一颗小行星撞击地球,导致了恐龙的灭绝。

小行星

小行星带

在火星和木星之间,有一个由数 10 万颗小行星构成的带状区域,这就是著名的小行星带,太阳系里绝大部分小行星都集中在这个区域,这也引起了人们无限的遐想和猜测。

人与宇宙

　　长久以来，人类就有着飞出地球的想法。早期，人类有过关于飞行的美丽神话，也有过尝试飞行的惨痛失败，但是人类的航天事业还是一步步走到了今天。可能随着航天技术的进一步发展，人类甚至还会发现远在许多光年以外的外星"朋友"，也许就不再孤单地生活在茫茫宇宙中了。

观测星星——天文望远镜

对于现代的天文观测来说，天文望远镜有着不可替代的作用，因为它能使我们看得更清楚，看得更远。因此，人们制造了各种各样的天文望远镜来观测天体。

牛顿的反射式望远镜

牛顿的反射式望远镜是一次非常大的进步，现在它几乎全用于探测天体。这种望远镜利用镜筒收集大量的光线，然后再让这些光线经过透镜的转化，成为清晰的图像。

折射式望远镜

现在常用的天文望远镜是折射式天文望远镜。这种望远镜可以直接显示天体的图像，但是想要观测远处的天体，就很困难了。

◄牛顿的反射望远镜

▲人类用天文望远镜观测宇宙

知识小笔记

位于美国夏威夷莫纳克亚山山上的凯克望远镜是世界上最大的望远镜之一，其镜面的直径有 10 米，整个天文望远镜有数百吨重。

天文望远镜的支架

因为天文望远镜对稳定性要求很高，所以天文望远镜大多有一个支架，这样才可以保持稳定。

千里眼——射电望远镜

人 的眼睛能直接观测到的电磁波段很小，而很多星体变化时释放的恰恰是我们眼睛看不见的电磁波，所以就必须使用各种探测器来探测星空，射电望远镜就是这样产生的。

工作原理

射电望远镜包括探测器、分析电路和显示器三大部分。竖立在地面上的部分称为天线，它负责收集宇宙中传来的电磁辐射，并把这些辐射转变为电信号。电信号进入无线电接收器，经过加强，被输进显示器。最后，这些电子信号就会在屏幕上形成影像。

知识·小·笔记

位于加勒比海的波多黎各岛上的阿雷西沃射电望远镜，是目前世界上最大的射电望远镜。

聚焦装置

现在常见的射电望远镜天线都有一个圆形锅形状的装置，它实际上是一种能把接收到的电磁波聚集到一点的装置，是射电望远镜不可缺少的部分。

﹡ 通过射电望远镜，我们可以非常清楚地看到天体，尤其那些星云。如果没有射电望远镜，很多星云我们都看不见，或者看得不完整

太空之眼——太空望远镜

著名的哈勃太空望远镜，是目前最先进的太空望远镜。它的诞生就像17世纪初伽利略望远镜的出现一样，是天文学发展道路上的一个里程碑。

哈勃简介

1990年4月，美国航空航天局的"发现"号航天飞机将哈勃望远镜送入太空，从此，它就在离地球表面590千米高空的轨道上运行。哈勃望远镜重达11.6吨，光学透镜直径达2.4米，其观测能力非常强大，可以接收到很远的天体发出的微弱光线。

↑空间望远镜

知识·小·笔记

对远方天体运动的观测是哈勃望远镜最重要的任务。

工作的秘密

在太空里，哈勃太空望远镜的使用受到很多限制，它不能使用常规电源、旋转座架或光缆线来连接监控计算机，而要使用提供能量的太阳能电池板、用来调整方向的反应轮及与地球交流的无线电天线。

先进设备

哈勃太空望远镜携带了宽视场行星照相机、暗弱天体照相机、暗弱天体摄谱仪、高分辨率摄谱仪、高速光度计以及精密制导遥感器等先进设备。

↖空间望远镜拍摄的星空图片的质量要比地面上的大型望远镜拍摄的图片好得多

凝视天空——天文台

天 文学家要观测天空,就需要一个固定的地方来放置大型天文观测仪器,因此天文台就这样诞生了。天文台不仅是专业的天文观测场所,也是对人们进行科学教育的重要场所之一。

天文台的选址

世界上的光学天文台大多建在高山上。这不是为了更接近星空,而是因为高山上观测环境好,空气质量稳定,晴天多,光污染小,不易受到人为干扰。

天文台球形的屋顶

天文台的屋顶

装有光学天文望远镜的天文台的顶部都是半球形,可以转动。这样,当天文学家需要跟踪观察某一个运动的星体的时候,就任意转动望远镜,实现持续观测这个天体的目的。

知识小笔记

天文台不仅是观测的地方,也是发布时间信息的科学机构。

格林尼治天文台

世界著名的英国格林尼治天文台建于 1675 年。1884 年,华盛顿会议决定格林尼治时间为世界标准时间。院内的子午线标志,即零度经线,为东西半球的分界线。

格林尼治天文台

登天的梯子——火箭

火箭是唯一一种可以飞到太空中去的飞行器。自从诞生以来，世界各国已经发射了很多次火箭，把许多人造飞行器送到了太空中，为人们探索太空立下了很大的功劳。

氢

燃料舱

氧

高温气体

燃料室

喷嘴

工作原理

火箭的工作利用了"作用力和反作用力"的原理。火箭燃料燃烧，产生高温高压气体。这些气体从尾喷管高速喷出，在其反作用力的推进下，箭体就腾空而起。

飞行原理

火箭推进的理论依据是牛顿第三定律：作用力与反作用力大小相等，方向相反。比如一个充满了空气的气球，如果放开气球的出气口，气球里的空气就会喷出来，而气球也会向相反的方向运动。火箭的飞行也是这个道理，只不过它需要大量的能量而已。

主发动机和固体火箭助推器在工作。主发动机喷出的是不明显的水蒸汽。助推器喷出的是化学烟雾

"质子"号运载火箭

火箭的分类

现代的火箭按其发动机使用的能源不同，可分为化学火箭、核火箭和电磁火箭。其中化学火箭的用途最广泛，也是使用最多的一种。化学火箭以使用不同性质的燃料又可以分为固体火箭和液体火箭。

运载火箭

运载火箭是一种运载工具，它负责把人造卫星、载人飞船、空间站或空间探测器等送入预定轨道。它们一般都是多级火箭，有 2～4 级。许多运载火箭的第一级外围捆绑有助推火箭，又称零级火箭。

"土星"5 号运载火箭在美国肯尼迪发射中心发射升空

多级火箭

为了有效提高火箭的飞行速度，解决其速度与重量之间的矛盾，科学家们研制出了多级火箭。这种火箭是分为一级一级的，烧完一级就扔掉一级，这样火箭的速度就越来越快。最后，由火箭的最末一节把卫星"顶"到预定轨道。

知识小笔记

最小的运载火箭仅有 10.2 吨，推力为 125 千牛，只能将 1.48 千克重的人造卫星送入近地轨道。

发射火箭

进入宇宙——航天飞机

随着航天技术的发展，人类开始追求重复使用的航天运载工具，于是航天飞机出现了，这是一种特殊的航天运载工具。它不仅可以执行航天器的任务，如对天体进行观测等，同时也具有载人航天器的功能。

- 固体火箭助推器
- 外挂燃料箱
- 轨道飞行器

航天飞机的结构

航天飞机的结构

航天飞机由可回收重复使用的固体火箭助推器、不回收的两个外挂燃料贮箱和能多次使用的轨道器三个部分组成。

"哥伦比亚"号航天飞机

"哥伦比亚"号航天飞机是第一架成功实现近地轨道飞行的美国航天飞机。然而很不幸的是，2003年2月1日它在执行第28次任务时，于返回途中与控制中心失去联系。不久后在得克萨斯州上空发生爆炸，机上7人全部遇难。

知 识 小 笔 记

1991年建造的"奋进"号是美国宇航局航天飞机家族中的最新成员。

"挑战者"号航天飞机

在继"哥伦比亚"号之后，美国航空太空总署又将"挑战者"号送入太空。它于1982年完工启用，在1986年1月28日执行第10次航天任务，在升空73秒时，燃料箱突然发生爆炸，导致"挑战者"号坠毁。

▲"挑战者"号航天飞机升空过程中突然爆炸坠毁

▲正在太空中执行任务的"挑战者"号航天飞机

"亚特兰蒂斯"号航天飞机

"亚特兰蒂斯"号航天飞机是美国国家航空航天局研制开发的第四架航天飞机。1985年10月3日，是它进行首次飞行的日子，但此次飞行的任务被视为国防机密，因此并没有对外公开。

▲"亚特兰蒂斯"号航天飞机正向空间站靠近

环绕地球飞行——人造卫星

人造地球卫星是无人航天器的一种，它环绕地球飞行，并且能在空间轨道运行一圈以上。人造卫星也是发射数量最多、用途最广、发展最快的航天器。

知识小笔记

"斯普特尼克"1号是世界上第一颗人造卫星。

运动轨道

人造卫星的运动轨道取决于卫星的任务要求，分为低轨道、中高轨道、地球同步轨道、地球静止轨道、太阳同步轨道、大椭圆轨道和极地轨道7种。

↓人造卫星飞行原理图

静止卫星

地球静止轨道卫星运行在距地面35 800千米的卫星轨道上。它沿地球赤道上空飞行，与地球自转方向相同，围绕地球旋转的周期与地球自转周期也完全相同，都是大约24小时，因此相对位置可以保持不变。这种卫星可与地面站之间进行不间断的信息交换，大大简化了地面站的工作。

精准定位——卫星导航

人类将卫星送上天空，预示着未来的导航将进入一个崭新的时代，全球卫星定位系统(GPS)就是这样一个卓越而准确的导航系统。

全球卫星定位系统

全球卫星定位系统是运用现代先进技术开发的尖端导航系统，它运用至少三颗人造卫星，能在极短的时间里确定地球上某个目标精确的地理位置。

知识小笔记

欧盟于 1999 年初正式推出"伽利略"计划，以部署新一代定位卫星。

▲ GPS

工作原理

用户接收卫星发射的信号，从中获取卫星与用户之间的距离、时钟校正和大气校正等参数，通过数据处理确定用户的位置。而在用户的全球定位系统接收装置上会出现地图和所在位置的指示。

▲ GPS 的广泛应用

广泛应用

全球卫星定位系统的应用相当广泛，在汽车、轮船和飞机的导航、交通管理等方面起着举足轻重的作用。在科学探险和旅行方面，它的全球定位也为那些身处复杂环境中的人们指明了道路。

访问地球的邻居——天体探测器

航天事业轰轰烈烈地发展了几十年，人类并不仅仅满足于探索自己居住的地球和赖以生存的太阳。人类已经向太阳系中派遣了几十个探测器，这些探测器帮助人类捕获了很多资料，让生活在地球上的人们更加了解这些"邻居"。

"水手"10号

"水手"号金星探测器

从 1962 年 7 月 22 日开始，美国先后发射了 10 个"水手"号金星探测器。其中最成功的要数 1973 年 11 月 3 日发射的"水手"10 号，它不仅对金星进行了探测，还借助金星的引力 3 次飞越水星，对水星也进行了成功的探测。

"尤利西斯"号太阳探测器

1990 年 10 月 6 日，美国"发现"号航天飞机将"尤利西斯"号太阳探测器送入太空。它的任务是探测太阳两极的磁场、宇宙射线、宇宙尘埃、X 射线和太阳风等。

知识小笔记

日本也曾发射自己的火星探测器——"希望"号。但是它在升空后故障一直不断，经过了几次维修，它依然没有成功。

"尤利西斯"号于 1994 年 8 月飞抵太阳南极区域，开始环绕太阳运转

"信使"号水星
探测器对水星进行
了探测

"信使"号水星探测器

这枚水星探测器是美国在 2004 年发射升空的。它由美国宇航局、卡内基学院以及约翰·霍普金斯大学共同研制，由"德尔塔" 2 号火箭送入太空。它于 2011 年 3 月进入预定轨道，对水星进行为期 1 年的探测工作。

"火星拓荒者"号

1997 年 7 月 4 日，美国的"火星拓荒者"号太空船降落在了火星表面。它的任务就是搜集火星表面的数据，拍摄火星照片传回地球。"火星拓荒者"的成功登陆，也为日后登陆太空船和探测车的设计作出了重要贡献。

"火星拓荒者"

中国的地球探测器

中国的"实践"系列卫星既是技术实验卫星，又是科学探测卫星。它们的主要任务是在太空中观测地球以及其周围的空间环境，同时还有关于很多新技术的试验。

探索土星——"卡西尼"号探测器

"**卡**西尼"号探测器是美国国家航空航天局、欧洲航天局和意大利航天局的一个合作项目，主要任务是对土星系进行空间探测。

▲"卡西尼"号对土星进行探测

探测任务

"卡西尼"号探测器以意大利出生的法国天文学家卡西尼的名字命名，其任务是环绕土星飞行，对土星及其大气、光环、卫星和磁场进行深入考察。

知识小笔记

1997年10月15日，"卡西尼"号发射升空，以12.4千米/秒的速度摆脱地球引力向太空飞去。

"惠更斯"号探测器

"惠更斯"号探测器和"卡西尼"号一起飞抵土星，不过它的探索目标是土卫六。它登陆土卫六，对这颗土星卫星进行了详细的探测。

漫长的征程

"卡西尼"号在4年中多次飞经土卫六表面约950千米的上空，并投下了"惠更斯"号探测器。科学家认为，人类可能会在土卫六上找到如何形成有利于地球生命生长的环境的线索。

▲"卡西尼－惠更斯"号环绕土星轨道效果图

星际旅行者——"先驱者"10号和11号

在第一颗人造卫星发射成功后不久，人类就开始了太空探测器的研制。20世纪70年代中期，美国科学家决定派遣探测器，对太阳系中距离地球遥远的几大行星进行长期的探测活动，其中最著名的当属"先驱者"系列探测器。

"先驱者"10号

"先驱者"10号探测器是一种六面体环形结构的探测器，携带有十几种科学仪器和设备，主要设备有控制探测器姿态的火箭发动机，用来和地球沟通的通信设备，还有一架核能发电装置。

知识小笔记

到1997年3月，"先驱者"10号已经飞到了距离地球超过100亿千米远的宇宙空间。

"先驱者"10号太空探测器

"先驱者"10号于1972年3月2日发射

穿越小行星带

1972年3月3日，"先驱者"10号被送入太空。在穿过小行星带时，虽然险象环生，但最终完好无损地闯过了这个"鬼门关"。这也使科学家们认识到小行星带并不像想象中那么可怕，为以后的宇宙航行叩开了新的大门。

探测木星

1973 年 12 月，"先驱者" 10 号抵达木星附近，并从距离木星约 13 万千米的地方发回了第一批木星的近景照片 300 多张，使人们第一次清楚地认识到木星有巨大的磁场和辽阔的辐射带。

"先驱者" 10 号

飞出太阳系

1983 年 6 月 13 日，美国宇航局宣布，经过 11 年的飞行，"先驱者" 10 号已经长途跋涉了 56 亿千米，成为飞出太阳系的第一个人造探测器。

"先驱者" 11 号

1973 年 4 月 6 日，继 "先驱者" 10 号奔向太空后，美国又发射了 "先驱者" 11 号探测器。它在 1974 年和 1979 年分别完成了对木星和土星的探访后，又向前飞去。1995 年，因能量耗尽科学家终止了与它的联系。

"先驱者" 11 号太空探测器

"先驱者"的姐妹——"旅行者"1号和2号

每 当人们提起对宇宙未知的空间探索,除了提到的"先驱者"10号和11号探测器之外,还会提到另两个探测器——它们比"先驱者"10号和11号的功劳更大,知名度更高——这两个探测器就是"旅行者"1号和2号。

"旅行者"号航天器

知识小笔记

科学家们预测,"旅行者"2号大约在4200年飞过罗斯-248星,到296000年将飞过天狼星。

● "旅行者"号探测器

"旅行者"1号和2号是美国于1977年8月20日和9月5日发射的两枚行星探测器。它们的主要任务是考察太阳系的各个行星。

● 特殊使命

另外,"旅行者"探测器还负有一个特殊的使命,就是将地球上的声音、图像带往太空,寻访地外文明。它们带有一张镀金铜板制成的"地球之声"唱片,可播放120分钟。上面刻有115幅图片、60种语言的问候语,还有自然界的声音和多首世界名曲、民乐。

携带着人类"名片"的"旅行者"1号在美国由"泰坦"3号E半人马座火箭发射升空

☀ 为太阳系合影

1990年初,"旅行者"1号在距离地球59亿千米的地方,成功地拍到了木星、土星、金星、天王星、海王星和地球六大行星的64张合影照片。后来,科学家利用这些照片加上土星、火星镶嵌成一幅太阳系"全家福"。

太空工作间——空间站

随着航天事业的不断发展，在太空中的短期停留已不能满足人类研究的需要，而空间站可以提供人类长期在太空工作、生活的空间和必要条件。它就像是研究人员在太空中的家，也像是太空驿站，逐渐拉近人类与宇宙天体的距离。

知识小笔记

国际空间站从 1998 年发展到现在初具规模，已完成部分模块的组装。

空间站的组成

空间站作为宇航员在太空中长期工作和生活的地方，一般都有数百立方米的空间。具体划分为诸多不同的区域，有过渡舱、对接舱、工作舱、服务舱和生活舱等。一个空间站通常有数十吨重，由直径不同的几段圆筒串联而成。

● 服务舱带有环境控制和生命保障系统，以及宇航员们的卧室、餐厅和盥洗室

● 节点舱用作连接

▲ 节点舱与货舱对接

● 功能货舱是多用途电力供应和推进舱

具体分工

过渡舱是宇航员进出空间站的必经通道；对接舱是空间站的重要组成部分，是其他载人飞船和航天器的停靠码头；工作舱，顾名思义就是宇航员进行太空工作的场所；生活舱则能提供给宇航员舒适的生活环境。

太空实验室

太空实验室主要是在太空中进行短期的实验。它上面只携带着各种太空实验仪器和设备，没有自主飞行能力，其飞行条件、生活条件、能源条件、实验保障条件等各个方面，都依附于航天飞机。

▲ 太空实验室

▲ 阿尔发空间站

国际大联合

国际空间站是一个国际大合作的项目，参与的有美国、俄罗斯、日本、加拿大、巴西和欧洲航天局的 11 个成员国共 16 个国家。这是人类航天史上首次多国合作完成的空间工程，规模浩大。

▼ 国际空间站

太空工作者——宇航员

宇航员是专门在太空中工作的人员，主要负责各种航天器的驾驶、维修和管理，以及在航天过程中的生产、科研和军事等工作。

在如此狭窄的空间长期工作，宇航员所要承受的心理压力可想而知

良好的素质

宇航员首先要具备良好的身体素质，这样才能很好地适应太空中的特殊环境。其次就是心理素质，宇航员要有适应寂寞、消除紧张和排解无聊的能力。

层层选拔宇航员

层层选拔

想成为一名宇航员，一开始就要经过层层的选拔。这一选拔过程是非常严格和严谨的。第一步就是进行身体检查，从医学的角度出发，对候选人的身体状况做检查，看其是否符合标准。第二步是基本条件的选拔。这是一轮书面选拔，主要考虑年龄、身高、体重等一些基本条件。最后是心理和适应能力的考核。

体能训练

经过了层层选拔并不意味着就可以成为一名合格的宇航员。职业的宇航员一般还要经过 3 ～ 4 年的特殊训练。其中，体能训练非常必要，主要是一些体育项目的训练，如游泳、球类等。

字航员在模拟状态下体验失重

特殊训练

宇航员的工作地点非常特殊，太空环境会让人产生种种不适。因此他们要经过一系列特殊的训练，以便更好地适应太空环境。超重训练、失重训练和低压训练等是宇航员必须通过的"考验"。

训练设备

特殊的训练就需要有特殊的设备。宇航员训练的主要设备有计算机辅助训练器、操作系统训练器、飞行训练模拟器、实体训练模拟器、人用离心机和中性浮力水池等。

航天员在模拟航天器环境中进行操作训练

别样体验——生活在太空

宇 航员在太空的生活，与人们在地球上的生活远不一样。主要的不同就在于重力的消失，一切物体在太空中都处于一种漂浮的状态。很多活动在地球上可能很容易完成，但是到了太空中却需要科学家们进行特殊的设计未完成。

太空中饮食

为了保证宇航员在太空中的营养，太空食品要经过特殊的设计。在失重情况下，食物被咀嚼时会产生碎屑，而这些碎屑会漂浮在舱内，污染舱内环境。现代的太空食品种类很多，有复水食品、天然食品、热稳定食品等，另外还有饮料。

◂ 美国航天员正在品尝"牙膏式"的食品

太空中睡觉

现代的载人航天器中，有睡袋、睡铺或者睡眠间。没有了地心引力，宇航员在睡眠过程中就没有了躺在床上的感觉。而睡袋有特殊的束缚装置，可以将宇航员的身体、头部与支撑垫和枕头贴紧，让宇航员有类似于在地球上睡觉的感觉。

▴ 宇航员在休息

☀ 太空医疗

宇航员在太空中工作时间会很长，他们的身体状况也需要做定期的检查。科学家们在载人航天器上安装了专门针对宇航员的医学监测和监视设备。另外，舱内还有专门的药箱，里面配备了各种常用药。

▲ 航天器上备有急救箱

知 识 · 小 · 笔 记

最年长的宇航员是美国的约翰·格林，在他已经 77 岁高龄的时候，还执行了 9 天的飞行任务。

◆ 卫生系统

在太空中生活，日常必要的卫生活动也可以在航天器中完成。科学家们经过缜密的思考，用抽吸泵解决了上厕所和洗澡的问题。而电动剃须刀可在太空中直接使用。

▲ 娱乐可以缓解航天员紧张的神经，调节他们疲惫的身躯，消除他们的寂寞

☀ 必要的娱乐

除了工作，娱乐对宇航员来说也是十分必要的。透过窗户观察地球或宇宙，是宇航员们最常用的休闲方式。现代的科学技术，可以让远在太空的宇航员与家人通话，也可以让他们在航天器内听音乐、看电影，甚至下跳棋。

▲ 宇航员在跑步机上坚持锻炼身体

月球之旅——"阿波罗"计划

在诸多的登月计划中，美国的"阿波罗"计划可以说是人类航天史上的一次壮举。这一计划从1961年开始，到1972年结束，先后有12名宇航员6次登月并安全返回。人类对月球的研究进入了一个新的时期。

▲阿波罗计划徽标

"阿波罗"飞船

"阿波罗"登月计划是从1961年开始实施的。飞船由指令舱、服务舱和登月舱三部分组成，重约50吨，高约25米，"土星"5号运载火箭承担了此次运载任务。

早期的"水星"计划

著名的"阿波罗"计划中的第一步被命名为"水星"计划，目的是测试人在太空中的活动能力。1963年5月15日，"水星"1号载人飞船发射，顺利完成任务，"水星"计划结束。

▽"阿波罗"号飞船示意图

● 服务舱

● 指令舱

● 登月舱

实现登月

宇航员阿姆斯特朗、科林斯和奥尔德林是首批实现登月任务的宇航员。1969年7月20日16时17分，登月舱载着阿姆斯特朗和奥尔德林降落在月球上，人类真正实现了自己的登月梦想。

▲阿姆斯特朗（左）、科林斯（中）、奥尔德林（右）

"站着"登陆

由于设计上的问题,准备登月的宇航员无法透过登陆舱的窗户看到月面的情况,这对准备着陆的飞船来说是很危险的。最后,有人想到用"站着"的方法解决这一问题。在登月舱中站着,眼睛就可以贴近窗口向下看。即使将窗口设计得小一些,也不会影响舱内宇航员的视野。

● "阿波罗"登月舱与指令舱分离,一名宇航员留守指令舱和服务舱结合体,继续环月飞行,另两名宇航员随登月舱准备降落月球表面

● 飞船进入月球轨道后,开始减速

● 登月舱减速向月球表面降落

● 上升级与指令舱对接,宇航员进入指令舱

● 登月舱着陆级与上升级分离,上升级发动机点火,离开月球表面

● 抛弃登月舱,指令舱与服务舱组合体准备返回地球

● 飞船在向月球的飞行过程中,服务舱上的推进系统修正飞行轨道

● 飞船与火箭分离,飞往月球

● 携带"阿波罗"号飞船的土星火箭发射

● 飞船指令舱和服务舱进入环绕地球飞行轨道后,将服务舱分离

● 指令舱调整姿态进入大气层

● 展开引导伞,降落至着落点

人类的一大步

阿姆斯特朗是踏上月球土地的第一人。当"阿波罗"11号的登月舱"飞鹰"号安全着陆之后,阿姆斯特朗用无线电向地球传达了这一消息。他在月球上留下了人类的第一个脚印。虽然这是他在月球上迈出的一小步,却是人类航天史上的一大步。

知识小笔记

前苏联的瓦连金娜·弗拉基米洛夫娜·捷列什科娃是世界上第一位女宇航员。

现代奔月——"嫦娥"计划

世界上一些发达国家相继完成了自己的登月计划。在人类探月的进程中，中国也不甘落后，推出了自己的"嫦娥"计划。在古代，中国就有着"嫦娥奔月"的美丽传说。到了科学技术高度发达的现代，中国人要让"嫦娥"真的能够登上月球。

"嫦娥"一期工程的第一步：发射绕月卫星

初步计划

"嫦娥"计划是中国首个月球探测计划，分为三个发展阶段，即"绕""落""回"。第一步，实现环绕月球飞行，对月球进行考察；第二步，实现月球登陆，对月球进行实地探测；第三步，实现机器人登月，采集月球样本并返回地球，为进一步载人登月做准备。整个计划预计20年完成。

"嫦娥"一期工程的第二步：月球车登上月球

四大难题

在研究"嫦娥"一号的过程中，摆在中国科学家面前的有四大难题——轨道设计与飞行过程控制问题，卫星姿态的三矢量控制问题，卫星环境适应性设计问题，远距离测控与通信问题。不过在科学家的努力下，这些问题已经得到了很好的解决。

"嫦娥"一号人造卫星

"嫦娥"一号在西昌卫星发射中心发射塔发射升空

四大任务

首期的绕月计划由"嫦娥"一号完成，它肩负着四大任务：首先，要获取月球表面的三维立体影像；其次，就是对月球表面的元素进行勘查，并绘制出分布图；第三，通过特殊的技术获取数据，估算出月球的年龄及其表面物质分布，研究氦-3元素；最后，探测月球和地球间的空间环境。

"嫦娥"一期工程的第三步：月球车返回地球

知识·小·笔记

通过"嫦娥"计划的不断实施，中国有望在未来载人登月。到了那时，中国就要开始计划建设自己的月球基地了。

对宇航员的要求

中国的航天专家指出，执行"嫦娥"计划登月任务的宇航员，需要具有的素质与现在的宇航员是一样的。在日常训练上，与其他宇航员没有太大出入。但是他们还要对月球的知识有所掌握，进行一段时间的月球环境适应性训练。

好奇心驱使——寻找地外文明

当人类走出地球、走进太空的时候，才发现在人类生活的世界之外还存在着这样一个无边无际的空间。人类不禁开始思考，在这个空间的某一端，是否存在着一个与地球相似的星球，上面生活着和人类相似的生物？

地外文明

人们将地球以外的其他天体上可能存在的高级生物的文明，叫做地外文明。据估计，仅银河系中就有上亿颗行星可供人类居住，具有地球条件的天体数目就有几千到十几万个。

◀ 1977 年，美国宇航局发射的两颗"旅行者"号星际探测器上放置了"地球名片"和"地球之声"唱片。人们希望借此向可能存在的地外智慧生命传递地球的信息

神秘的飞碟

地球上很多地区的上空都出现过神秘的飞碟。有记载的最早的飞碟出现在 1878 年的 1 月，美国 150 家报纸登载了这则新闻，报道美国得克萨斯州的农民马丁看到空中有一个圆形物体，报道中把这种物体称作"飞碟"。

知识·小·笔记

2003 年，运用全世界最大的无线电天文望远镜，美国科学家开始了又一轮寻找外星智慧生命的行动。

天外来客——和外星人握手

在对地外文明的探索中,最受人们关注的是外星生物。似乎已有种种迹象说明外星人的确存在,但是谁都没能给出一个定论。人类一直以来都抱以友好的态度向外太空发出"问候",同时也在等候着外星生物的回应。

◇ 外星人

关于外星人来到地球的报道有很多,有人认为这是不可能的。因为,外星人要是以 16.7 千米/秒的宇宙速度,从相距地球 4.3 光年的比邻星出发,到达太阳系也得飞 8 万多年。关于外星人的样子,也是众说纷纭。现在最常见的说法是大头,没有毛发,手脚细长,眼小如细线或眼大如灯。

外星人是人类对地球以外智慧生物的统称

知识·小·笔记

目前,最大的可移动射电望远镜是美国的 GBT。它的直径达到 110 米,位置约有 43 层楼那么高。

现在人类还不确定是否有外星人或外星生物的存在

◇ 来自外星的信息

在人类不断寻找外星生物的同时,外星人好像也在寻找人类的存在。1924 年,美国天文学家就收获了一组来自火星的信息,这些信息到现在都没有被破解。除了信息,还有信件、实物等,不过这些事情都难辨真伪。

无限畅想——未来的航天

人 类对太空的探索才刚刚起步,虽然说航天技术已经取得了一定的成绩,但还是有很大的发展空间。未来的航天,将带领人类去往更遥远的星际空间,探索更神秘的未知世界。

快速飞行

追求更快的飞行速度是每个火箭发动机设计师的梦想,因为航天器飞行速度越快,我们就能在越短的时间里知道宇宙的秘密。宇宙中天体间的距离十分遥远,因此快速飞行是实现星际间飞行梦想的基础技术。

知识小笔记

很早以前,俄国的齐奥尔科夫斯基就提出了太空城的构思。

↑光子火箭想象图

太空城

在太空中建立形如地球上的城市,是人类一直以来的太空梦想。随着人类科学技术的发展,太空城的构想也在一步步向现实发展。未来,也许在太空中真会有供人类居住的城市,还会有太空工业城、太空农业城、太空科研城等。

↑太空城外部想象图

↑太空城内部想象图

火星基地

火星与地球是近邻，它上面的环境与地球也很相似。有人希望在 21 世纪中叶，建立起具有相当规模的"火星城"，届时将会有大批的地球人在上面工作、居住。

艺术家想象的火星基地

利用太阳风

科学家们想到利用"风帆"的原理，借助太阳风的力量，发明一种太阳帆船。只要这面帆的面积足够大，就能产生足够的推力。并且，在太空中，太阳源源不断地为帆船提供动力，帆船就可以不断得到匀加速。

太阳风帆

时空隧道

人类的航天技术发展到现在，"时空隧道"不再是天方夜谭，科学家们已经想出建造时空隧道的原理和基本方法。在这样的隧道里，飞行只需要很短的时间；宇航员甚至可以不用带过多的氧气、饮水和食物等。他们去往另一个星球工作，就好比人类现在每天上下班那样轻松。

百科·探索·发现

（少年版）

遨游宇宙